古建修缮纪录

【承德卷】

张爱民　钧朗　编

文物出版社

图书在版编目（ＣＩＰ）数据

古建修缮纪录 · 承德卷 / 张爱民 钧朗编 . -- 北京 : 文物出版社，

2019.5

ISBN 978-7-5010-6080-1

Ⅰ.①古… Ⅱ.①张… Ⅲ.①承德避暑山庄－修缮加

固－工作概况 Ⅳ.① K928.73 ② TU746.3

中国版本图书馆 CIP 数据核字 (2019) 第 004019 号

古建修缮纪录 · 承德卷

编　　者：张爱民　钧朗

封面题签：鲍贤伦
责任编辑：孙　霞
装帧设计：李东皎
责任印制：张道奇

出版发行：文物出版社
社　　址：北京市东直门内北小街 2 号楼
邮　　编：100007
网　　址：http://www.wenwu.com
邮　　箱：web@wenwu.com
经　　销：新华书店
策　　划：秦皇岛闲庭文化艺术发展有限公司
印　　刷：北京启航东方印刷有限公司
开　　本：889 毫米 ×1194 毫米　1/16
印　　张：31.5
版　　次：2019 年 5 月第 1 版
印　　次：2019 年 5 月第 1 次印刷
书　　号：ISBN 978-7-5010-6080-1
定　　价：368.00 元

编　委　会

主　编：张爱民　钧　朗

编　委：史建华　修兆雨　靳书阔

　　　　张学明　张建超　肖　南

摄　影：于文江　窦成江　李宝明

　　　　关　欣

目 录

殊像寺　普陀宗乘之庙
须弥福寿之庙
普宁寺
安远庙
避暑山庄
普乐寺
溥善寺
溥仁寺
承德市区

● 修缮方位图

序 （一）

欣闻张爱民先生主编的《古建修缮纪录·承德卷》一书即将付梓印行，爱民先生嘱我作序。其情殷难却，谨书片言，亦是对先生主编本书的衷心祝贺。

《古建修缮纪录·承德卷》一书记录了2012年至2016年，团队在承德避暑山庄和外八庙保护维修工程中的"普乐寺保护修缮工程""殊像寺保护修缮工程""普宁寺和普陀宗乘之庙假山整修工程""须弥福寿之庙假山修缮及排水工程""溥仁寺油饰彩画修缮工程""避暑山庄内道路"工程施工情况。这六项工程的实施内容基本涵盖了中国官式文物建筑修缮的瓦作、木作、石作、油作、彩画作、铜铁作及假山叠石作传统工艺做法。书中较详细地记录了琉璃瓦屋面重新揭瓦的工艺做法及琉璃艺术构件修补粘接工艺做法；记录了古建墙体修缮、墙体砖挖补、墙体找补抹灰的工艺流程及做法；记录了古建院落地面修缮、砖地面揭墁、砖地面挖补、花石子嵌石拼花地面、冰裂纹石板路铺墁的传统工艺做法；记录了石质构件的归安、石质构件粘接、石质构件的补配工艺做法；记录了油饰、彩画维修、修补工艺做法及过程；记录了普乐寺青铜塔刹铸造修补工艺及传统的鎏金工艺技术；记录了假山叠石维修、叠石及勾缝的传统工艺做法。在本书中，还可以看到维修工作中对维修项目的认真勘察与仔细研究的过程。

本书的出版，具有多方面的影响及意义。首先，作为文物建筑施工单位在文物建筑保护维修工程完工后，把工程的修缮记录整理出版的还不多见。因此，本书对文物建筑施工单位自身文物保护意识提高是一种增强，对文物建筑从业人员的业务技术水准提高是一种推动。其次，对文物建筑修缮后资料的搜集整理起到了较好的示范作用，如果我们文物建筑施工单位都能够主动地做好工程的详细记录，对今后的文物建筑维修保护工作会有很好的促进作用。最后，希望本书的问世，将引导更多的文物建筑施工单位把握各自文物修缮工程特点，做好文物建筑工程的修缮记录，深入挖掘博大精深的中国传统工艺技术的精髓，结出更多硕果。

借此《古建修缮纪录·承德卷》即将出版发行之际，嘉惠文物建筑保护之行业。是为之序。

李永革

2018年7月写于紫禁城造办处院内

1

序 （二）

　　《古建修缮纪录·承德卷》即将出版面世，爱民先生嘱我写序，写下以下的话，权作为该书出版助威吧。

　　承德避暑山庄及周围寺庙是举世闻名的世界文化遗产，一直以来党和国家高度重视其保护工作。2010 年 8 月，国家六部委确定"十二五"期间中央财政投资 6 亿元实施承德文化遗产保护工程，工程涉及 10 个文物保护单位 100 多个单体项目。自保护工程开始，这一支团队就参与其中，历经六载寒暑，共承担了 8 个国家级文物保护重点项目，涉及避暑山庄、普乐寺、殊像寺、须弥福寿之庙、普陀宗乘之庙、普宁寺、溥仁寺。工程性质涵盖古建筑本体保护修缮、古建筑遗址归安加固、清代排水系统的整修、清代假山抢救性加固、清代彩画专项修复等多个方面。工程实施中，该团队始终秉持保护文物、传承技艺之理念，邀请专家学者指导工程实践，广聘能工巧匠参与工程实践，每项工程都严格遵循不改变文物原状的原则，严格按照设计文件、行业规范组织实施，严控工程质量，精雕细琢，打造精品典范工程。在注重传承传统工艺的同时，探索古建筑保护的新工艺、新方法，尤其是在普乐寺阁城裂隙灌浆修复、旭光阁宝顶孔洞修补等施工中，深入研究，多次实验，将现代施工技术融入文物保护工程之中，解决了传统古建筑修缮技术解决不了的难题，得到了专家的高度赞扬。正是由于团队的不懈追求和努力，所承担项目的工程质量、管理水平在参与承德文化遗产保护工程的 40 余家施工企业中独树一帜。2014 年，他们主持的普乐寺保护修缮工程被评为国家文物局"全国十佳文物保护工程"，荣获国内文物保护领域最高荣誉。

　　这是一支用心的古建施工团队，他们不仅重视施工的本身，还非常重视施工过程档案的收集、记录、整理、研究、编辑和出版工作，专业摄影人员有时也亲赴施工一线，用相机记录施工中的精彩瞬间。他们将承德古建修缮工程的成果归纳汇总，以纪录体出版古建筑修缮专项报告，从施工单位的角度真实、全面、系统地记录施工的全过程，在国内古建施工企业中是一个创举，值得赞赏。也为全国同类文物保护工程做出了示范，值得推广。

2018 年 7 月于承德避暑山庄

前　言

　　《古建修缮纪录·承德卷》一书与其它文物保护工程竣工后出版的"实录""专集"等，都是工程报告类型的专著。一般在"实录""专集"的刊物中，作者的考据和论述占据了过多的篇幅，将摘记、插图、照片作为论据，让读者认同并接受其观点。而"记录"是把相关的文字、图纸、作品及完整的施工操作过程照片拿来直接使用，进行归类，合理编纂，把思考的空间全部留给了读者。张爱民编纂的《古建修缮纪录·承德卷》为工程报告类型的刊物开创了"记录"文体，这是非常有意义的尝试。

　　此项工程由秦皇岛华文环境艺术工程有限公司承担。华文团队对仿古建筑、古建筑工程施工原本都是门外汉。2006年"山海关古城四条大街街景整治工程项目"，该公司承接了几千平方米的铺面和四合院仿古工程，开始跨入古建筑施工的门槛。公司聘请专家学者、能工巧匠亲莅指导帮助，不但保质保量按期完成了承接仿古工程，还锻炼出了一支古建施工团队。

　　2012年，华文公司开始承德避暑山庄和外八庙文物保护工程施工。先后施工了承德"普乐寺保护修缮工程""殊像寺保护修缮工程""普宁寺和普陀宗乘之庙假山整修工程""须弥福寿之庙假山修缮及排水工程""溥仁寺油饰彩画修缮工程"及"避暑山庄内道路"。其中"承德普乐寺保护修缮工程"荣获第二届（2014年度）"全国十佳文物保护工程奖"，为世界文化遗产的传承和保护做出了应有的贡献。

　　华文公司的迅速成长，总结起来就是"认真"二字，这是一支踏踏实实做人、认认真真做事的团队。甲方、设计、监理、专家学者、能工巧匠告知的每一件事，他们都是一丝不苟、认认真真去完成，不但做出了一大批优质工程，也使华文团队都成为了行家里手。

　　恭祝《古建修缮纪录·承德卷》出版发行。

杨宝生

2018年3月于北京

总 述

一．文化遗产保护修缮重大意义

根据承德避暑山庄及周围寺庙保护现场办公会会议纪要内容，明确了 2010 年和"十二五"期间避暑山庄及周围寺庙文化遗产保护工作，认真落实中共中央政治局常委李长春同志视察承德避暑山庄及周围寺庙世界文化遗产保护工作时的重要指示精神。会议一致认为：今年文化遗产日当天，李长春同志发表了题为《保护历史文化遗产·建设共有精神家园》的重要文章，对我国的文化遗产保护提出了六点要求，是新时期做好文化保护工作的重要文献，也是今后做好文物保护工作努力的方向。时隔不到一个月，7 月 10 日～11 日，李长春同志视察世界文化遗产避暑山庄及周围寺庙，再次对世界文化遗产保护工作做出了重要指示，这必将对未来避暑山庄及周围寺庙的保护工作产生巨大而深远的意义和影响。进一步学习李长春同志视察承德时的重要指示精神，在做好承德避暑山庄及周围寺庙保护工作的同时，以李长春同志的指示精神为动力，进一步明确要求，做好下一步的文化大调研工作，做好国家的"十二五"文化发展纲要，全面做好避暑山庄及周围寺庙文化遗产保护修缮工作。会议提出：要站在新的高度看待避暑山庄及周围寺庙的保护工作。它对于我们的国家社稷具有重要的战略意义，应该把它作为我们加强民族团结教育和宣传的基地，成为增强民族团结的一个直观的教材，为系统研究历史和民族政策提供资料。因此承德避暑山庄及周围寺庙保护工程不仅是重要的文化遗产保护工程，而且是重大的政治工程。

避暑山庄及周围寺庙保护工程也不仅仅是承德的文化遗产保护工程，也不仅仅是河北的文化遗产保护工程，而是国家重要的文化遗产保护工程。因此，从事这些保护工作应该用目前所能达到的最高标准，全力以赴地做好避暑山庄及周围寺庙的保护工作。承德避暑山庄及周围寺庙保护工程，不仅使文化遗产自身拥有了尊严，而且成为促进承德经济社会发展的一个积极的力量，保护成果也惠及了广大民众。按照这一思路，使避暑山庄及周围寺庙的保护工作成为促进承德经济社会发展的积极力量，成为民心工程和惠民工程。这次国家投巨资对避暑山庄及周围寺庙进行保护维修，是几十年来前所未有的一次重大的整体保护行动，因此就要特别强调科学性，强调正确的文化遗产保护理念，要全力组织全国的文物部门和承德的同志一起，把此项工程作为今天我们文化遗产保护的典范工程。从工程的规划、勘察、设计、施工、监理都要追求高标准、科学性和正确的理念。要科技创新，要在开拓思路放宽眼界、运用先进的保护理念和成熟的技术方法的同时，大胆创新。

会议建议设立专门的课题研究，跨学科、跨部门、跨行业、跨领域地来进行这次保护工程整体的提升。会议认为：避暑山庄及周围寺庙的山形水系和历史研究工作也应该是这一工程的重要方面，研究历史沿革、历史事件、历史影响，才能使之成为爱国主义教育的基地，成为促进国家统一的基地。如果仅仅视为工程而不是文化工程，我们就失掉很多文化信息。同时要突破单体，局部研究，把它作为一个整体来研究，包括建筑、遗址、碑刻、园林、山水等，努力提升这次保护工程的科学性。我们应当在这个工程中反映出当代文化遗产正确的理念和今天党和国家对文化遗产保护高度关注所取得的最新成果。

二．承德简介

承德，素有"紫塞明珠"之美称，位于河北省东北部，距北京 230 公里。毗邻京、津，西顾张家口、东接辽宁、北倚内蒙古、南邻秦皇岛、唐山，是燕山腹地、渤海之滨重要的区域性城市。被列为首批国家历史文化名城、中国十大风景名胜、旅游胜地四十佳、国家重点风景名胜区，是国家甲级开放城市。1994 年，承德避暑山庄和外八庙被联合国教科文组织列入世界文化遗产名录，从而使承德步入了世界文化名城的行列。历史上曾是清王朝鼎盛时期的京师陪都，民国和解放初期为原热河省省会，今为河北省省辖市，辖八县三区：是燕北地区政治、经济、文化中心。北部是七老图山脉，有茫茫林海，广袤草原；中部属燕山山脉，为低山丘陵区；南部则属燕山山脉东段之延续，峰峦重迭，峡谷幽深。河流有潮河、滦河、柳河、老牛河等。清美甘甜的潮河水和滦河水，源源不断流往北京和天津。承德市海拔 200～1200 米，平均海拔 350 米，最高峰雾灵山 2118 米。环绕市区的山峦，属丹霞地貌，奇峰异石、自然天成，千资百态，形成独特的磬锤峰、罗汉山、天桥山、双塔山等十大景观。

承德历史悠久，有着丰富的多民族历史文化内涵，特别是清王朝康乾盛世时期修建的避暑山庄和外八庙，作为多民族国家团结统一的历史见证，以其北国雄奇风光兼具有江南秀美景色著称于世。根据出土文物考证，承德一带早在中原龙山文化时期就有人类活动遗迹。战国时代，属燕国领地。秦汉至唐宋时期，匈奴、鲜卑、库莫奚、契丹、女真等少数民族曾先后在此游牧。北宋欧阳修留有"儿童能走马，妇女亦弯弓""合围飞走尽，移帐水泉空"的诗句。元明时期属北平（今北京）府，为喀喇沁、翁牛特、察哈尔等蒙古族的游牧地。直到清朝初年，热河上营始终没有设立过什么中央或地方管理机构，是一个"名号不掌于职方"的小村落。康熙四十二年（1703），清廷在此修建行宫，人口与日俱增。康熙四十七年（1708）热河行宫开始使用，标志热河进入了发展期。到康熙五十年（1711）就已经是"生理农桑事、聚民至万家"的大村镇了。此后，为适应皇帝每年都要到承德避暑的需要，各蒙古王公、朝廷大臣及一些词人文士都

争相在承德建设府邸宅院，承德工商业随之高速发展，市井行人杂踏，车马喧嚣，酒楼茶铺鳞次栉比……雍正元年（1723）设热河厅，第二年设热河总管，统理东蒙民政事务。雍正十一年（1733），雍正帝取承受先祖德泽之义，罢热河厅设承德直隶州，此是"承德"名称的始源。乾隆六年（1741），承德开始进入繁荣期。乾隆四十三年（1778），弘历在一道谕旨中说："热河自皇祖建山庄以来，迄今 60 余年，户口日滋，耕桑益辟，俨然一大都会"，是年升为承德府。嘉庆十五年（1810）设热河都统署。道光七年（1827）以后，热河文武官员均属都统署管辖。

辛亥革命后，废除府建制。民国三年（1914）设热河特别区，民国十七年（1928）改建热河省，

承德为热河省省会。1933年3月，承德沦陷，为日寇占领区。日本投降后，我党在承德设立了八路军办事处，后改为热西办事处、热西工委。1948年成立承德市政府，隶属于热河省。1955年热河省建制撤销，承德市划归河北省，为省辖市。1958年，承德改由承德专署领导。1960年承德专员公署撤销，承德市改为省辖市。1961年承德专署复设，承德市再改地辖市。1982年，地、市分署办公，承德再次改为省辖市，至1993年承德地、市合并。

第
一
章

普
乐
寺
综
合
修
缮

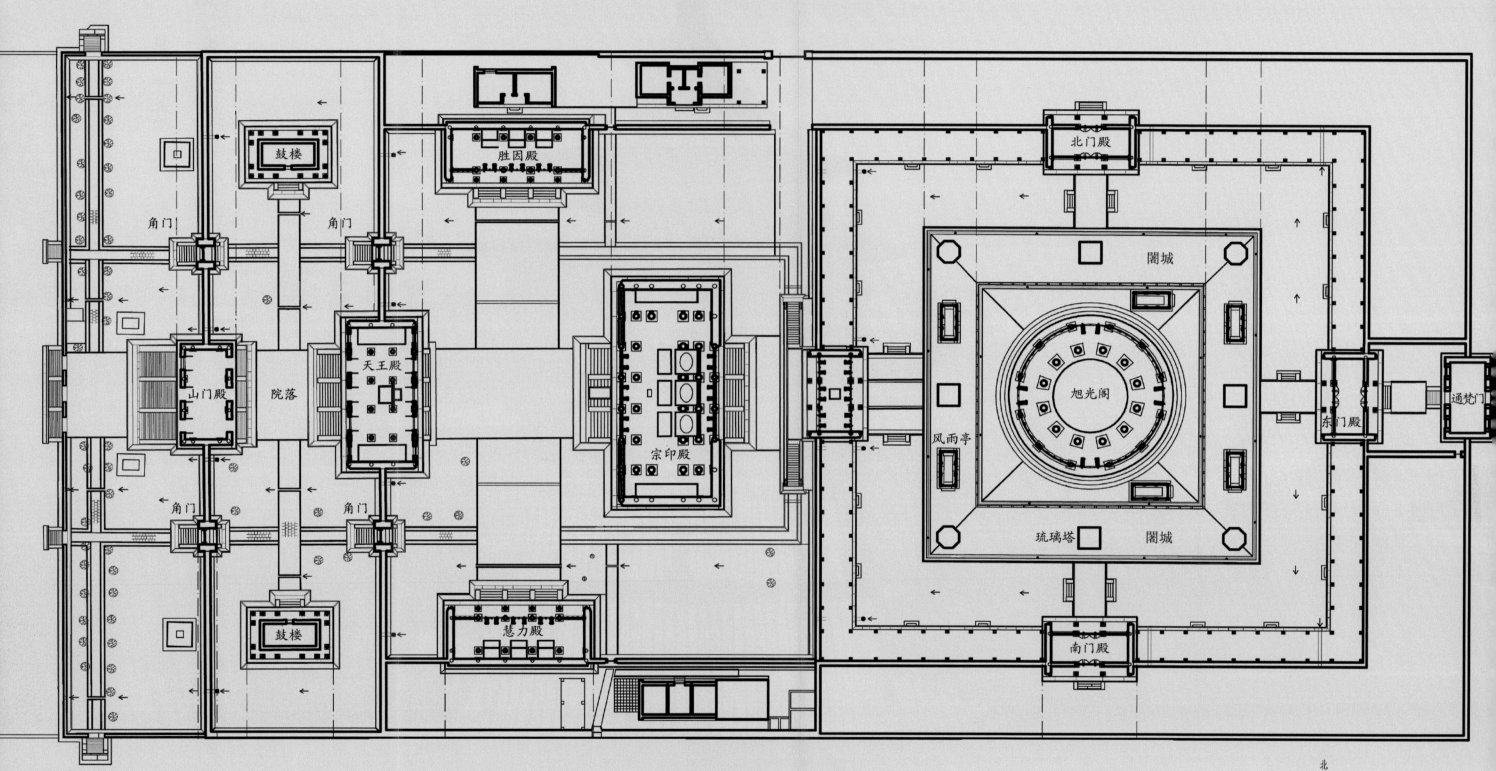

鼓楼　角门　角门　胜因殿　北门殿

山门殿　天王殿　院落　宗印殿　风雨亭　旭光阁　阓城　东门殿　通梵门

鼓楼　角门　角门　慧力殿　琉璃塔　阓城　南门殿

普乐寺总平面示意图

北

普乐寺概述

　　承德避暑山庄的外八庙中，普乐寺是比较神秘的一座寺庙。说它神秘，是那里有一个藏传佛教密宗修炼、观摩、传授秘法的密宗道场。

　　清政府平定准噶尔叛乱之后，皇朝为厄鲁特蒙古建造了普宁寺。达什达瓦族迁移热河后，给他们建了安远庙。同理，也应当为新归附的哈萨克、布鲁特建造寺庙，为他们的首领来热河聚会举办习俗、宗教活动提供场所。故于乾隆三十一年（1766），弘历采纳了内蒙章嘉活佛提供的宗教意图仿北京天坛，建造了普乐寺。

　　普乐寺，俗称"圆亭子"，位于承德避暑山庄的东部，磬锤峰西的山岗上，坐东面西，占地面积2.4公顷。普乐寺平面呈长方形，分为前后两个部分：前部由山门至宗印殿，为汉族寺庙的传统形式。后部为藏式阁城（坛场）。有前后两个山门，前山门向西，正对避暑山庄；后山门面东，正对磬锤峰。乾隆认为磬锤峰为神物，是上天的启示，故在寺的后部又辟一个山门，这是我国寺庙中少见的建筑布局。

　　前山门有石狮和旗杆，十分气派。山门为单檐歇山顶，中辟大门，左右有旁门，门内两侧是钟楼和鼓楼，往东走是天王殿，殿脊用云纹花琉璃瓦，上置3座琉璃喇嘛塔，殿内供有四大天王和弥勒、韦驮像。天花板为贴金团龙，彩画方心中画一横条黑线，象征皇帝以万乘之尊一统天下。天王殿后面为宗印殿，面阔7间，进深5间，重檐歇山顶，覆盖黄琉璃瓦，屋脊装饰色彩缤纷的琉璃饰件，以数条黄琉璃龙贯穿起来，正中置黄釉瓦喇嘛塔，两边嵌佛八宝法具。殿前后各出3阶，正面中阶丹陛石为云龙石雕，刀工精巧。殿内供奉三方佛（亦称横三世佛）主尊：正中为释迦牟尼，中方婆娑世界；南为药师佛，东方琉璃世界；北为阿弥陀佛，西方极乐世界。两侧分列八大菩萨：南面自东而西为文殊、金刚手、观世音、地藏王；北面自东而西为除垢障、虚空藏、弥勒、普贤。宗印殿前两侧有配殿，均面阔5间；南为慧力殿，内供三头六臂的马头金刚、一头四臂的愤怒降魔王和三头六臂的愤怒降魔王变体。他们身上挂着50颗人头，代表梵文的16个声母和34个韵母；北为胜因殿，内供秘密成就金刚、外成就金刚手和内成就金刚手，都是弥勒化身。

　　宗印殿之后为"阁城"，是普乐寺后部的主体建筑。城前门内有一碑亭，碑上用汉、满、蒙、藏四体文字刻着乾隆手书《普乐寺碑记》，记述了兴建普乐寺的目的、经过和意义。阁城是藏传佛教密宗修炼、观摩、传授秘法之密宗道场，另含"群贤聚至，万德交归"之意。阁城立面分三层，底层是金刚墙；群房正中是石砌方台，是阁城的第二层，台顶四周环布琉璃喇嘛塔8座，形状近同，色彩各异。四角台座为白色八角形，四面正中台座方形，颜色分别是西紫、东黑、南黄、北蓝。此八座藏式佛塔都属功德塔，代表释迦牟尼的"八大成就"；八座塔的五种颜色代表"五大"（地、水、火、风、空）；东、西、南、北四塔代表"极乐世界四方天门"；四角、四面、八方代表"四平八稳"；

台顶正中又起方台为第三层，台高 6.6 米，宽 32.8 米，四面辟拱门；东、西门是封闭深龛，南、北门均砌石阶登达台顶，出口建风雨亭遮雨。台顶四周环以 76 棵云龙望柱和栏板；上檐外砌黄琉璃瓦檐，檐下四面石砌 12 条出水槽；正中为主体建筑旭光阁，它打破了传统寺庙坐北面南的格局，平面圆形，立面亭状，重檐黄琉璃攒尖顶，底直径 21 米，高 24 米，檐柱、金柱各 12 根，环成两个同心圆，檐柱支撑底檐，金柱支撑顶檐。外圆成 12 间格局，东西南北四间各辟门，余设槛窗；阁内顶部置龙凤图案圆形藻井，藻井中心雕金龙戏珠，藻井采用层层收缩的三层重翘重昂九踩斗拱手法，雕工精细，金光闪闪，与阁正中须弥座构成色彩、形状及大小的呼应。

第一节　脊刹

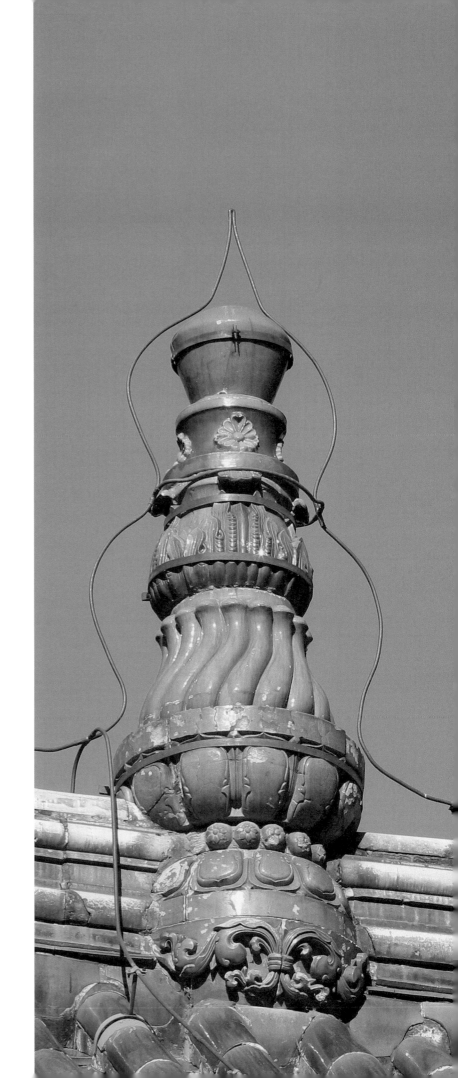

修缮说明

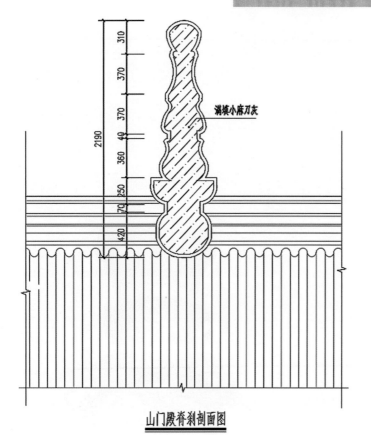

消填小麻刀灰

山门殿脊刹剖面图

勘察时，发现原有加固的部位出现新的裂缝，且原有加固材料为铁丝捆绑，由于长时间的风化锈蚀已经对正吻琉璃构件产生了严重破坏，后期补配加固措施的铁箍已经脱落，脊刹开裂严重，内部构件裸露，存在极大的安全隐患，严重危及文物建筑本体及人员安全。

鉴于此，经过甲方、监理、设计、施工四方的共同协商后，决定采用铜箍材料重新对脊刹进行加固施工。

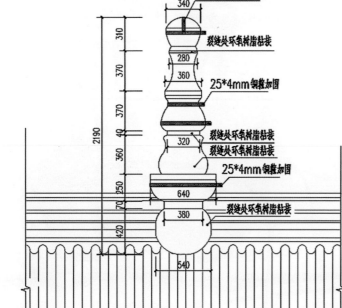

25*4mm铜箍加固
裂缝处环氧树脂粘接
25*4mm铜箍加固
裂缝处环氧树脂粘接
裂缝处环氧树脂粘接
25*4mm铜箍加固
裂缝处环氧树脂粘接

说明：
1、搭设屋面马道。
2、搭设钢管宝顶脚手架1座。
3、脊刹拆除、重新安装加固。
4、环氧树脂粘接勾缝。

山门殿脊刹加固立面图

1-1 现状勘察

1-2 拆卸构件

1-3 拆卸构件

1-4 清理构件

1-5 静置晾干

1-6 粘接构件

1-7 粘接归位

1-8 归 安

1-9 填充灰泥

1–10 逐层归安

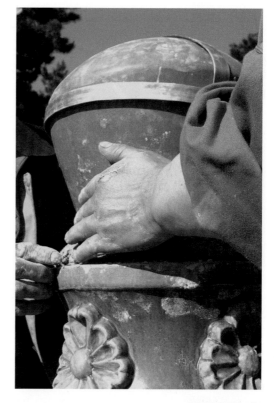

1–11 逐层归安

1–12 清 理

1–13 完 工

第二节

院落地面

修缮说明

　　普乐寺局部地面为后期补配的水泥砖，与原有建筑形制不符，同时方砖墁地碎裂严重及被淤土覆盖。青砖缺失破损严重。

　　庭院墁地主要涉及排水问题，普乐寺采用的是"明走水"方法。甬路、地面主要涉及寺院的前半部建筑周围。主要措施为：第一，拆除后铺水泥砖地面。第二，以"天王殿前台明根部土衬石金边上皮"为基点，降低院落（主要四角部、草地）地面，使雨水从甬路向南北排泄的同时，向西穿过南北甬路排水沟槽，流向前方（天王殿、山门殿）围墙根部排水口处，一直流到广场外。第三，宗印殿四周海墁地面局部揭墁和补墁。具体如下：（见图2-1～2-11）

　　一、细墁砖加工要求

　　1. 砖应砍包灰和转头肋，转头肋宽度1厘米。

　　2. 方砖要选择比较细致的一面（水面）作为砍磨的正面，比较粗糙的旱面墁地时应朝下放置。

　　3. 方砖要做成"盒子面"，然后砍转头肋，四个肋要互成直角。

　　二、施工工艺

施工顺序：垫层处理→抄平→冲趟→样趟→揭趟、浇浆→上缝→铲齿缝→刹趟→打点→墁水活并擦净→钻生

　　1. 垫层处理：用2：8灰土夯实作为垫层，灰土上铺一层衬砖仍作垫层，灌一次生石灰浆。

　　2. 按设计标高抄平，廊心地面向外做出泛水。

　　3. 冲趟：在两端拴好曳线并各墁一趟砖叫"冲趟"，室内方砖地面，应在正中再冲一趟。

　　4. 样趟：在两道曳线间拴一道卧线，以卧线为标准铺泥墁砖，泥不要抹得太平太足（"鸡窝泥"）。砖要平顺，缝要严密。

　　5. 揭趟、浇浆：将墁好的砖揭下来，泥的低洼处进行补垫，然后在泥上从每块砖的右手位置沿对角线向左上方浇洒白灰浆。

　　6. 上缝：用"木剑"在砖的里口砖棱处抹上油灰（为确保灰能粘住，即不"断条"，砖的两肋要用麻刷沾水或用矾水刷湿，刷水的位置要稍靠下，不要刷到棱上），然后把砖重新墁好，以礅锤木棍朝下在砖上连续戳动前进（即上缝）。将砖矫平矫实，缝要严，砖棱要跟线。

　　7. 铲齿缝（又叫墁干活）：用竹片将表面多余的油灰铲掉（即起油灰），之后用磨头或砍砖斧子将砖与砖之间的凸起部分磨平铲平。

　　8. 刹趟：以卧线为标准，检查砖棱，如有多出，要用磨头磨平。

9. 打点：地面全部墁好后，若砖面上有残缺或砂眼，用"砖药"打点。

10. 墁水活并擦净：重新检查地面，若有凸凹不平，用磨头沾水磨平，然后擦净。

11. 钻生

（1）钻生：地面完全干透后，在地面上倒桐油，油的厚度可为3毫米左右，同时用灰耙来回推搂，钻生时间可长可短，重要的建筑应钻到喝不进去的程度为止。

（2）起油：多余的桐油用厚牛皮等物刮去。

（3）呛生（又叫守生）：在生石灰面中掺入青灰面，拌合后使颜色近似砖色，然后将灰撒在地面上，厚30毫米左右，停滞一定时间后，适时刮去，用麻头擦净。

三、质量要求

1. 细墁地面：地面美观整洁，颜色一致，棱角完整，表面无灰浆等赃物，油灰饱满，缝子严实，宽窄一致，真砖实缝。

2. 钻生：钻生饱满，表面油皮起净，砖表面无损坏现象，墨色均匀一致，烫蜡均匀，表面光亮洁净。

3. 地面泛水：地面平整、和缓、均匀、自然，细墁相邻砖表面高低差不超过1.5毫米，并做到无积水。

普乐寺角门踏跺石构件歪闪、移位严重，部分石构件风化、酥碱。后期水泥勾缝不符合古建文物修缮规范原则。

根据设计要求对台阶进行以下施工：归安松动、外闪的阶条石，踏步石，垂带石；更换酥裂、风化严重的踏步石，对断裂及破损不严重仍能使用的石构件进行黏接补配处理，清除水泥勾缝，重新用油灰勾抹。（见图 2-12 ～ 2-18）

主要施工工艺：

1. 石构件归安

（1）归安、整修前依据设计图纸对各建筑部位进行全面复查核对，并进行测量记录，明确归安部位和石构件位移尺寸。

（2）归安时应挂通线或顺线找规矩，将石构件拼缝和后口清理干净，用撬棍将位移石构件移至原位，用撬棍拔撬石构件时要轻缓，力度适中，并特别注意保护好棱角、雕刻纹饰。归位后要找好垂直、水平、泛水等，用石渣背撒牢固后，再由质量检查员、专业工长复查无误后，灌注清水清洗，湿润石构件缝隙的浆口。然后分部灌注白灰浆，直至灌浆饱满，并及时清理石构件表面。

（3）对台阶、踏步等石构件归安时，如下层构件需归安，而上层构件并未位移时，应先确定上层石构件拆卸的块数，并做好记录和位置标记，按顺序小心拆移并不得损伤石构件。待下层石构件归安并灌浆凝固后，再恢复安装上层拆卸的石构件。

（4）石构件归安后，应根据现场修缮实际情况，由专业工长制定出有效的防护措施，并由石工落实具体防护工作。

2. 石构件更换

（1）石构件制作安装包括：踏跺石、垂带石、砚窝石、如意石等石构件。

（2）石构件制作：各种材料均应按设计图纸的要求进行，具体操作按古建传统做法和以施工图纸依据进行加工制作。石料选材时应注意是否有裂缝、隐残、纹理不顺、污点、红白线和石铁等。裂缝、隐残不应选用，对于纹理不顺、污点、红白线和石铁等不严重的，使其可用于"大底""空头"的可以考虑。石料加工根据使用位置和尺寸的大小合理选择荒料然后进行打荒，根据使用要求进行弹扎线、大扎线、小面弹线、齐边、打道、截头（为了保证安装时尺寸合适，有的阶条石可留一个头不截，待安装时按实际尺寸截头）、剁斧要求三遍斧（剁斧第一遍只剁一次，第二遍剁两次，第三遍剁三次，一至三遍的剁活力度由重至轻。第三遍使用的剁斧应锋利），并应在工程竣工收尾阶段进行。

（3）石构件安装，根据设计图纸要求有的需要进行打细和石构件安装：首先根据设计图纸要求石构件栓通线安装，所有石构件均应按线找规矩，按线安装。安装应注意石构件的平整和水平标高一致。根据栓线将石构件就位铺灰坐浆，打石垫将石构件找好位置、标高，找平、找正、垫稳，无误后灌浆，为了防止灰浆溢出需预先进行锁口。安装落心石时，确定准确尺寸后"割头"，保证"并缝"宽度一致。不得出现"喇叭缝"。石构件间连接的榫、榫窝、磕绊应合理牢固。安装完成后，交工前进行洗剁交活。

3. 清理

（1）石构件清洗：石构件本身污渍、尘土较多，使用低缔合度水清洗。

（2）断裂石构件的粘接：石质文物粘接加固的目的是加强文物微结构之间的接合，以及在损坏面和完好面之间的粘合，增加物体的机械强度。目前主要使用的材料是环氧树脂，环氧树脂粘接力大、抗老化性能可以达 20 年以上，在没有光照的条件下，使用寿命可达 50 年。裂隙充填材料常用环氧树脂，一般需要掺入石子或石粉等填充材料，对于大块岩石，若断面受力较大，可使用夹具、锚杆或锚索。

4. 粘接方案

清理碎块断面，将断裂面上老化的酥粉清除，以保证接缝的准确。用鬃刷和去离子水将断裂表面及缝隙中的尘土污迹清洗干净，待石构件断裂面晾干后，用环氧树脂对位粘接。

5. 金属加固

因所加修补的石构件质量较重，为保证修补质量，在原构件断面中心用水钻并排钻 2 个小孔（方向根据断裂方向而定），并用金属销键（销键尺寸：直径 1.5 厘米，长度为 20 厘米）连接，为了加强粘接力，在金属销键表面加几道斜纹，以增加粘接面积。

6. 拼对粘接

使用环氧树脂粘接胶与固化剂按照一定的比例混合，加入适量石英粉调匀成粘稠状。将混合粘接剂放入钻孔内并插入金属销键，粘接剂均匀涂刷断裂面（注意：在粘接时，两个粘接面一定要干净，涂粘接剂时，边缘部分需留出一点空余处，以免压挤出的粘接剂将构件表面染上污迹），然后将断裂构件沿断裂面进行合拢，约 72 小时后完成固化。

7. 勾缝补全、做色，使用石质文物修补灰浆调至膏状即可。

8. 提示问题

石构件整修工程最容易出现的质量问题是石材损坏，安装不准确，灌浆不实，引起再次走闪位移以及石构件污染等问题。保证其质量的措施如下：

（1）石材构件整修时注意材料保护，防止磕碰。

（2）石台阶要用脚手板搭设马道进行封护，勾缝施工时要在可能被其污染的部位粘贴报纸等材料进行保护。

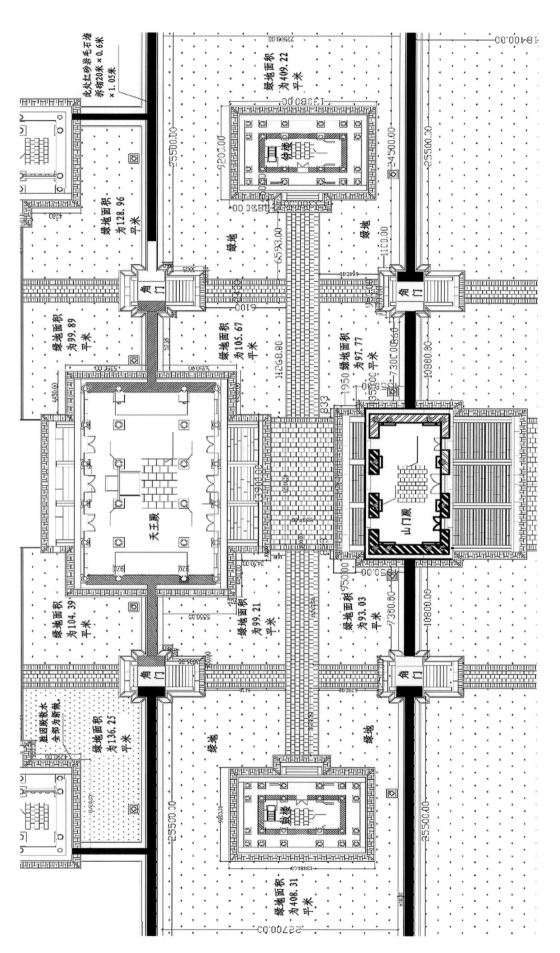

普乐寺局部院落地面平面图

2-1 地面原状

2-2 地面原状

2-3 截 砖

2-4 地面拆除

2-5 灰土垫层找补

2-6 打 夯

2-7 细墁条砖散水

2-8 细墁条砖散水

2-9 细墁方砖地面

2-10 细墁条砖地面

2-11 清理完工

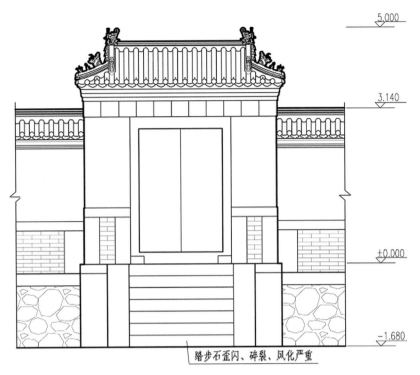

踏步石歪闪、碎裂、风化严重

天王殿角门踏步立面图

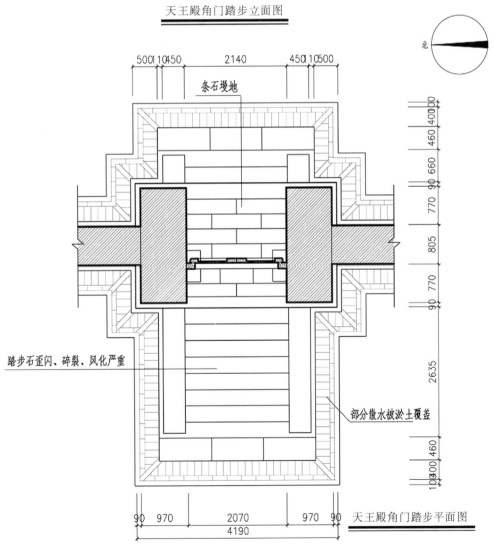

条石墁地

踏步石歪闪、碎裂、风化严重

部分散水被淤土覆盖

天王殿角门踏步平面图

2-12 台阶原状

2-13 拆 除

2-14 如意石归安

2-15 灌　浆

2-16 油灰勾缝

2-17 完　工

2-18 天王殿角门

第三节

旭光阁（宝顶、屋面、油饰、阁城地面、塔刹）

宝 顶

修缮说明

　　旭光阁铜胎鎏金宝顶发现枪眼，下面琉璃莲花须弥座原勾缝灰出现脱落的情况。经过甲方、监理、设计、施工四方的共同协商后决定对宝顶进行修补，采用紫铜铆钉进行处理。同时，对脱落的莲花须弥座勾缝灰进行清理并重新勾缝。另外，在施工过程中发现旭光阁宝顶向北侧有 5 ～ 10 度的倾斜现象，施工方已及时上报给甲方承德指挥部。

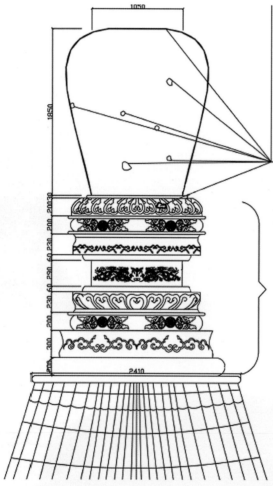

1.宝顶上有大小孔洞21个，分布在各个方向，其中宝顶顶部有四个孔洞。在莲花座南侧和西南侧正上面有两个直径超过2厘米左右的大孔洞。如果经过连雨天，此处及宝顶顶孔洞也是进水的主要原因。

2.宝顶的孔洞采用定制的铜铆钉对宝顶孔洞进行修补，然后用与宝顶相同材料的铜板，用冷粘结法对铜鎏金宝顶进行粘补。

1.清除现状灰缝，清除干净，打水茬。采用现代高分子防水材料（以下简称"堵漏灵"），将宝顶缝隙捻实、堵严。做抗渗试验后，对宝顶座的缝隙处用麻刀油灰打点，赶轧密实，并做出泛水。

2.宝顶座各层灰缝，都应进行剔除，打水茬后，用堵漏灵捻缝，最后用小麻刀油灰打点勾抹灰缝表面。

3.竹节瓦面上的瓦钉处，搭接处及裂缝处均应用堵漏灵适度对上述各处堵抹、勾严。

旭光阁宝顶详图

3-1 勾缝灰脱落

3-2 须弥座开裂

3-3 勾缝灰脱落

3-4 底座走闪

3-5 弹孔痕迹

3-6 剔 缝

3-7 剔 缝

3-8 勾 缝

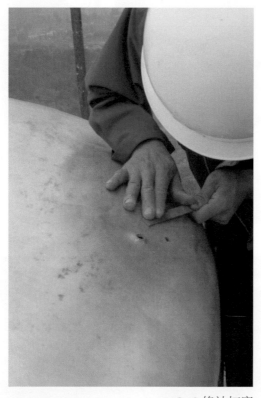

3-9 修补打磨

3-10 铆钉抹灰

3-11 铆钉缠麻

3-12 安装铆钉

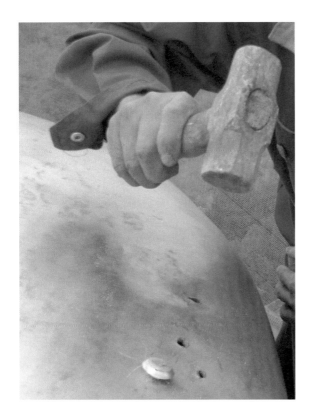

3-13 铆钉粘接修补完工

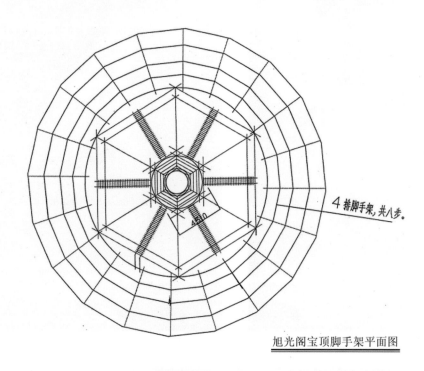

4排脚手架，共八步。

旭光阁宝顶脚手架平面图

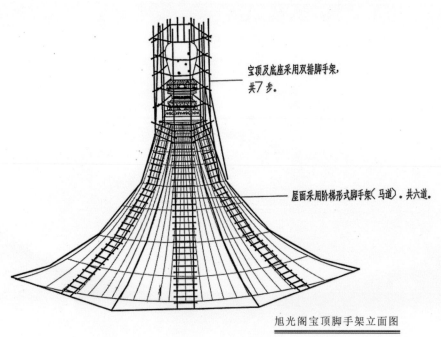

宝顶及底座采用双排脚手架，共7步。

屋面采用阶梯形式脚手架（马道）。共六道。

旭光阁宝顶脚手架立面图

修缮说明

一、屋面瓦件

根据屋面现状损坏情况，普遍存在大面积瓦面捉节灰松动、局部灰背残损、少量脊兽件瓦件缺失和残损。根据设计要求，屋面分别采取全部和局部揭瓦。

1. 材料准备

泼灰准备。屋面所用的掺灰泥背、青灰背等均采用泼灰，袋装面灰禁止使用。泼灰选用上好灰块，泼灰时应分次进行。每一泡灰数量一般在粉化后 0.4 立方米，数量不宜多。在泼灰过程中泼洒水要均匀，水量要适度，应保持在既不"涝"又不"生"之间。泼灰要分两次泼，泼完之后要把灰翻倒到另一个地方，再闷至半个小时左右，这一泡灰才算完成。以后每一泡灰都要严格执行上述要求。泼完的灰要进行浆灰，用网眼 0.5 厘米筛子过筛后移至没有生灰和灰渣的地方。在堆积时，每层铺 15 ～ 20 厘米厚，摊平，泼上一层较浓的青灰浆，如此层层浆灰，直到全部浆完为止，浆好的灰用苫布盖严存放 15 天以上待用。

2. 瓦件拆揭

在揭除屋面瓦件之前，要对屋面现状仔细检查测量，绘制瓦面瓦垄分档尺寸及位置，记录瓦垄和底盖瓦件、兽脊件数量。并对屋面各个部位进行拍照，留作存档资料和施工参照。瓦件拆揭要轻拿轻放，不生搬硬撬，拆卸下的瓦件置于指定地点，按规格、部位及破损程度分类码放。

3. 重新苫背

（1）椽望钉齐、连檐瓦口钉好后，于望板上涂刷防腐剂。

（2）在望板上抹一层（白灰：青灰：麻刀 =100:8:3）深月白麻刀护板灰，厚度为 1 ～ 2 厘米。

（3）在护板灰上苫 2 层 4:6 掺灰泥背。每层泥背厚度不超过 8 厘米，中腰节附近如泥背太厚，可将一些板瓦反扣在护板灰上垫囊。每苫完一层泥背后，在泥背干至七八成时进行拍背。这是一道十分关键的工序。

（4）待泥背七八成干后，再在泥背上苫 2 层（白灰：青灰：麻刀 =100:10:5）大麻刀月白灰青背，每层灰背厚度不超过 3 厘米。每层苫完后要反复赶轧坚实并反复刷青浆和轧背，赶轧的次数不少于三浆三轧。在大麻刀青灰背干至八成时，为加强灰背与瓦瓦灰泥整体连接，防止瓦面下滑，青灰背表面应采取打拐子、粘麻搭麻辫。拐子为 5 个一组呈梅花状，下腰节隔五一打，中腰节隔三一打，上腰节隔一一打。

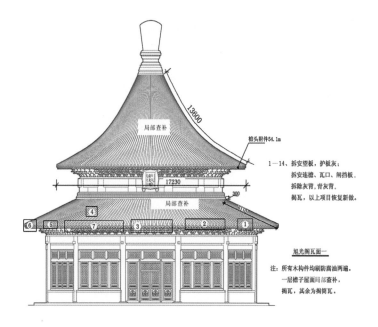

旭光阁瓦面一

注：所有木构件均刷防腐油两遍。
一层檐子屋面局部查补，
揭瓦，其余为揭筒瓦。

（5）苫完背后，在前后坡脊上抹 30 ～ 50 毫米宽的扎肩灰。灰背全部完成后进行凉背。

（6）苫背注意事项

a. 应在下雨前用苫布将苫背盖好。

b. 苫背时每层要尽量一次苫完，尤其顶层灰背更要尽量一次苫完。当面积较大一次苫不完时，要留宽度不小于 20 厘米且不钹槎的斜槎，槎子部位不刷浆、不轧光。

4. 重新瓦瓦

（1）待灰背干燥后经验收合格，便可以瓦瓦。在瓦瓦之前应再次对瓦件逐块检查，发现有破裂和烧制变形者不得使用。

（2）瓦瓦前首先要根据原屋面瓦面所绘实测排瓦图，进行分中号垄排瓦档，不可随意更改。

（3）瓦边垄

在每坡两端边垄位置栓线、铺灰，各瓦两趟底瓦，一趟盖瓦。同时瓦好排山勾滴（铃铛排山）。要点是两端的边垄应平行，囊要一致，边垄囊要随屋面曲线囊。

（4）拴线

以两端边垄盖瓦熊背为标准，在正脊、中腰和檐头的位置栓三道横线（即齐头线、楞线、檐口线）作为整个屋顶瓦垄的高度标准。

（5）冲垄

按照边垄的囊在屋面的中间将三趟底瓦和两趟盖瓦瓦好（人多时，可多几条冲垄）。这些冲垄都必须以栓好的齐头线、楞线和檐口线为标准。

（6）瓦檐头勾滴瓦

檐头勾头和滴水，瓦时要栓两道线，一道栓在滴水尖的位置，滴水瓦的高低和出檐均以此线为标准。第二道线即冲垄时的檐口线，勾头的高低和出檐均以此线为标准。滴水瓦的出檐最多不超过本身长度的一半，一般在 60 ～ 100 毫米之间。

勾头的出檐为瓦头烧饼盖瓦当厚度,即勾头紧靠着滴子,其高低以檐口线为准。

(7) 瓦底瓦

a. 开线:在齐头线、楞线和檐口线上栓吊鱼,其长度根据线到边垄底瓦翅的距离定。然后按排好的瓦当和脊上号好垄的标记挂上瓦刀线,把线的一端固定在脊上,另一端栓一块瓦吊在房檐下。瓦刀线的高低以吊鱼的底楞为准,若瓦刀线的囊与边垄的囊不一致时,可在瓦刀线的适当位置绑上几个钉子进行调整。底瓦的瓦口线应栓在瓦的左侧。

b. 瓦底瓦:拴好瓦刀线后,铺灰瓦底瓦,灰的厚度为4厘米,将底瓦窄头朝下,从下往上依次摆放,底瓦的搭接密度为压6露4。在檐头和靠近脊的部位则"稀瓦檐头密瓦脊",即檐头压5露5,脊根压7露3。底瓦灰要饱满,瓦要摆正,底瓦瓦翅宽头的上楞要贴近瓦刀线,避免"喝风"。

c. 背瓦翅:摆好底瓦后,要将底瓦两侧的灰泥顺瓦翅用瓦刀抹齐、背足、拍实。

d. 扎缝:背完瓦翅后,在蚰蜒当塞实塞严大麻刀灰,灰要能盖住两边底瓦的瓦翅,然后勾瓦脸。

(8) 瓦盖瓦

按楞线到边垄盖瓦瓦翅的距离调好吊鱼的长短,然后以吊鱼为高低标准开线,盖瓦的瓦刀线要栓在瓦垄的右侧。盖瓦灰要比底瓦灰稍硬,"睁眼"大小为1/3筒瓦高。

盖瓦要雄头朝上,从下往上依次安放,上面的筒瓦应压住下面筒瓦的雄头,雄头上要挂掺青灰节子灰,抹足挤严。盖瓦垄的高低、直顺都要以瓦刀线为准,瓦翅都应贴近瓦刀线,当瓦的规格不十分一致时,要"大瓦跟线,小瓦跟中"。

(9) 捉节夹垄

将瓦垄清扫干净后,用小麻刀灰在筒瓦接缝处捉节,然后用夹垄灰将睁眼抹平。夹垄要分糙细两次夹,把灰塞严拍实。上口与瓦翅外棱抹平,不得开裂、翘边,不得高出瓦翅,下脚要直顺,要与上口垂直,与底瓦交接处不得有"蚰蚰窝"和"嘟噜灰"。

(10) 瓦瓦操作中要求:瓦瓦用4:6掺泥灰(同泥背),以100:3:5麻刀青灰扎缝,100:3:5掺麻刀红灰捉节夹垄。其中脊部老桩子三块底瓦及上部盖瓦,檐头三块底瓦及勾头以100:3:5麻刀青灰座灰瓦瓦。瓦瓦泥饱满,瓦翅背实,雄头灰挤严,随瓦随夹垄,睁眼一致,按验收规范操作。粗细肋分层轧实,表面赶光。板瓦压七露三,脊部适当加密,檐头酌情瓦稀,但整个瓦面水平方向疏密一致。整个瓦瓦面,要求档匀垄直、无蚰蚰窝和嘟噜灰、底盖瓦不偏不跳垄、瓦面擦干净。

二、橡头整修

在整修加固前,要对现状仔细检查测量,认真纪录构件完好及损坏程度,测绘图样及拍照,根据检查结果分部位、分构件剔补修整,加固措施方案报文物、业主、设计、监理、质检等部门,得到确认方可施工。

1. 望板修整与更换

望板糟朽不超过厚度的1/3时,可将糟朽部分清除,满刷防腐涂料继续使用超过1/3时按原式更换新望板。

2. 椽子整修与更换

（1）椽子糟朽深度不超过 10 毫米，劈裂深度不超过直径的 1/2、长度不超过全长 1/3、弯垂不超过椽长 2%，可不进行处理继续使用。局部糟朽不超过直径 2/5 时，应将糟朽砍净，并按原状修补粘钉补牢；裂缝宽度较大时（3～5 毫米），需嵌补木条用胶粘牢。缺陷超过上述限度时可换新椽。

（2）檐椽糟朽在檐檩或挑檐檩的钉孔处（承受复弯矩最大），其糟朽超过椽径 1/4 时应更换。不超过此限度可补钉牢固即可。

（3）花架椽脑椽更换时应充分利用不合格的檐椽改作后使用。

（4）飞椽将糟朽部分剔净后，椽尾不小于椽头 2 倍时可继续使用。小于此限度时更换飞椽。

三、屋面脚手架搭设

1. 材料准备

（1）钢管杆件：钢管杆件采用直径 48×3.5 毫米，焊接钢管其材性应符合《碳素结构钢》（GB700-88）的相应规定。用于立杆、大横杆、剪刀撑和斜杆的钢管长度分别为 3 米、4 米、6 米，用于小横杆的钢管长度为 2 米。

（2）扣件：扣件应采用 GB978-67《可锻铸铁分类及技术条件》的规定，机械性能不低于 KT33-8 的可锻铸铁制造。扣件的附件采用的材料应符合 GB700-88《碳素结构钢》中 Q235 钢的规定；螺纹均应符合 GB196-81《普通螺纹》的规定，垫圈应符合 GB96-76《垫圈》的规定。

（3）脚手板：脚手板采用木跳板，跳板的厚度 50 毫米，宽度 330 毫米，长度 4000 毫米；

(4) 安全网采用绿色密目安全网，新网必须有产品质量检验合格证，旧网必须有允许使用的证明书（或试验记录），安全网的选用应符合 GB5725-85《安全网》的规定。

2. 人员配备

各专业施工人员及上岗证应配备齐全。且体格检查合格后方可上岗作业。

3. 技术准备

脚手架施工前，要进行技术交底，并提出有关的要求事项。

4. 架构尺寸设计

(1) 立杆纵距 1500 毫米，立杆排距 1200 毫米，步距 1500 毫米。小横杆间距 1200 毫米，大横杆间距 1500 毫米，内排立杆距墙 250 毫米。小横杆里端距墙 200 毫米。

(2) 外脚手架平面布置沿结构外轮廓布置，外脚手架随基础收分缩进，外脚手架距基础和结构的距离要大于 200 毫米。

5. 整体性拉结杆件的设置

(1) 沿脚手架两端和转角处起设置剪刀撑。每 7～9 根立杆设一道，且每片架子不少于三道。剪刀撑沿架高连续布置，在相邻两排剪刀撑之间，每隔 10～15 米高加设一组剪刀撑。剪刀撑的斜杆与水平面的交角必须控制在 45～60 度之间，剪刀撑的斜杆两端作旋转扣件与脚手架的立杆或大横杆扣紧外，在其中间应增加 2～4 个扣结点。

(2) 在脚手架立杆底端之上 100～300 毫米处一律遍设纵向和横向扫地杆，并与立杆连接牢固。

6. 杆件连接构造要求

(1) 左右相邻立杆和上下相邻平杆的接头，应相互错开并置于不同的构架框格内。

(2) 本工程脚手架采用双排单根。立杆纵距为 1200 毫米，横距为 1500 毫米，相邻立杆的接头位置应布置在不同的步距内，与相邻大横杆的距离不宜大于 500 毫米，立杆与大横杆必须用直角扣件扣紧，不得隔步设置或遗漏。

(3) 大横杆档距为 1500 毫米，上下横杆的接长位置应错开布置在不同的立杆纵距内，与相近的立杆距离不大于 500 毫米。同一排大横杆的水平偏差不大于该片脚手架的总长度的 1/250，且不大于 500 毫米。相邻步架的大横杆应错开布置在立杆的里侧和外侧，以减少立杆偏心受载情况。

(4) 小横杆应贴紧立杆布置，搭于大横杆之上并用直角扣件扣紧。在相邻邦立杆之间根据需要加设 1～2 根。在任何情况下，均不得拆除作为基本构架结构杆件的小横杆。

(5) 剪刀撑与地面夹角为 45 度沿架高连续布置，采用对接扣对接，对接扣位置错开大于 2000 毫米布置，除两端用旋转扣件与脚手架的立杆或大横杆扣紧外，在其中间应增加 2～4 个扣节点。

(6) 脚手板采用木跳板，脚手板与脚手架之间用 10 号铁丝不少于 3 点绑扎。

(7) 如立杆未立在坚实的基底上，搭设前应将场地填土夯实，并将立杆置于厚度不小于 50 毫米的脚手板上。

(8) 护栏：在铺脚手板的操作层上设二道护栏，上栏杆距脚手板面高度为 1000 毫米，下栏杆距脚手板面为 600 毫米，并设挡脚板。

(9) 马道：脚手架在端头或适宜位置设置上人、上料马道。马道的立杆纵距为 1200 毫米，横距为 1500 毫米， 小横杆间距为 1200 毫米，马道坡度小于等于 30 度， 马道顺铺脚手板，脚手板与脚手架之间用 10 号铁丝不少于 3 点绑扎。脚手板中部钉断面 25×40 毫米、长 400 毫米的木防滑条。

7. 安全防护

(1) 脚手架外侧面采用密眼绿色安全网全封闭。安全网在国家定点生产厂购买，并索取合格证。进场后，经项目部安全员、材料员验收合格后方可投入使用。

(2) 外脚手架在操作层满铺脚手板，并在脚手板下挂安全兜网。

(3) 每次大风或暴雨来临前，必须对脚手架进行加固；暴风雨过后，要对脚手架进行检查、观测。若有异常应及时进行矫正或加固。

8. 施工作业顺序

(1) 根据建筑外形排立杆位置，放线使立杆距建筑外廓距离相等，并放置纵向扫地杆。

(2) 自中部起依次向两边竖立杆，底端与纵向扫地杆扣接固定后，装设横向扫地杆并与立杆固定，每边竖起 3～4 根立杆后，随即装设第一步大横杆（与立杆扣接固定）和小横杆（靠近立杆并与大横杆扣接固定），校正立杆垂直和平杆水平使其符合要求后，按 40～60 千牛／米力矩拧紧扣件螺栓，形成构架的起始段。

(3) 按上述要求依次向前搭设，直至第一步架交圈完成。交圈后，再全面检查一遍构架和地基情况，严格确保方案要求和构架质量；

(4) 随搭设进程及时设置剪刀撑，随施工进度在脚手架构架大横杆间搭设横杆，以缩小铺设脚手板的支撑跨度，铺设脚手板、栏杆和防护密目网。

9. 施工作业注意事项

(1) 底立杆按立杆连接要求选择不同长度的钢管交错设置，至少应有两种适合的不同长度的钢管作立杆。

(2) 在设置第一排连墙件前，应约每隔 6 跨设一抛撑，以确保架子稳定。

(3) 一定要采取先搭设起始段而后向前延伸的方式。如两组作业，可分别从相对角开始搭设。

(4) 连墙件和剪刀撑应及时设置，不得滞后超过 2 步。

(5) 杆件端部伸出扣件之外的长度不得小 100 毫米。

(6) 剪刀撑的斜杆与基本构架结构杆件间至少有 3 道连接，斜杆的对接或搭接接头部位至少有 1 道连接。

(7) 周边脚手架的纵向平杆必须在角部交圈并与立杆连接固定。

(8) 作业层的栏杆的挡脚板一般应设在立杆的内侧。栏杆接驳也应符合对接或搭接的相应规定。

(9) 脚手架必须随施工作业面的增加同步搭设，搭设高度应超过施工作业面不少于 2000 毫米。

10. 搭设的质量要求

(1) 立杆垂直度最后验收允许偏差 100 毫米，搭设中检查时按每 2 米高允许偏差 ±7 毫米。

(2) 间距：步距偏差允许 ±20 毫米，立杆纵距偏差允许 ±50 毫米，立杆排距偏差允许 ±20 毫米。

（3）大横杆的高差：一根杆的两端允许 ±20 毫米，在每一个立杆纵距内允许 ±10 毫米，每片脚手架总长度允许偏差 ±50 毫米。

（4）脚手架应距墙大于等于 200 毫米。

11. 外脚手架搭设安全事项

（1）搭设工人必须具备特种工上岗证并经考核合格后方可上岗操作。上岗时必须系安全带，戴安全帽，穿防滑鞋。严禁穿带钉易滑的鞋子上岗作业。

（2）严禁酒后及大风、雷雨天进行架子作业。

（3）作业时，必须准备工具袋，严禁向下乱抛杂物。

（4）注意随时检查架体及卸荷节点情况，发现问题及时上报、处理。

（5）注意清理架上无用的杂物，减轻架上的荷载。

（6）及时与结构拉结，以确保搭设过程安全。

（7）扣件要拧紧。有变形的钢管和不合格的扣件严禁使用。

（8）随时校正杆件垂直和水平偏差，避免偏差过大。

四、琉璃屋面修缮保护措施

旭光阁为黄琉璃攒尖屋面，由于瓦屋面带有很大的坡度，操作人员必须穿好防滑鞋、系好安全带及准备安全防护用品以防琉璃屋面滑落物体及人员踏坏瓦面和坠落。操作时，应在瓦垄间放置麻包袋，一方面可以防滑，一方面可以对屋面瓦件起到良好的保护作用；沿口要铺设架板及防护栏、防护网等安全措施，确保安全作业。

防护栏杆搭设技术要求

1. 在屋面坡度大于 25 度时，瓦瓦必须使用移动板梯，板梯必须有牢固的挂钩。没有外架子时，檐口应搭防护栏杆和防护立网。

2. 高空作业和屋面作业人员应系安全带，把搭扣扣在钢管横杆上，防止下滑。

3. 栏杆的结构宜采用焊接，焊接要求应符合 GBJ205 的技术规定。当不便焊接时，也可用螺栓连接，但必须保证规定的结构强度。

4. 扶手宜采用外径 33.5 ～ 50 毫米的钢管，立柱宜采用不小于 50×50×4 角钢或外径 33.5 ～ 50 毫米钢管，立柱间隙宜为 1000 毫米。

5. 横杆采用不小于 25×4 扁钢或直径 16 的圆钢。横杆与上、下构件的净间距不得大于 380 毫米。

6. 操作人员必须持证上岗，各种作业人员应配带相应的安全防护用具及劳保用品，严禁操作人员违章作业，管理人员违章指挥。

7. 栏杆端部必须设置立柱或与建筑物牢固连接。

旭光阁屋面修缮

搭设脚手架

3-14 屋面原状

3-15 拔 草

3-16 瓦面拆除

3-17 瓦面拆除

3-18 勾抹夹垄

3-19 勾抹夹垄

3-20 安装钉帽

3-21 打点瓦面（铺设麻包防滑、保护）

3-22 完 工

油　饰

修缮说明

根据旭光阁油饰现状损坏情况，设计要求重做油饰的，均应先做地仗。柱、梁、枋、槛框、边抹、裙板、绦环板均做一麻五灰地仗，椽望、飞头、连檐、瓦口等做三道灰，装修棂子走细灰。

材料要求：血料、灰油、光油、麻丝、地仗各道灰等材料的成分、配比、熬制、调配工艺，必须符合文物建筑操作规程的规定。

地仗

一、施工工艺

（一）木基层处理

1. 斩砍见木：将旧灰皮全部砍挠去掉露至木纹，用小斧将木构件表面砍出斧迹，砍挠时要横着木纹砍，不得损伤木骨，注意不要破坏线口。挂有水锈的木件要砍净挠白，木件翘岔应钉牢或去掉。

2. 基层处理完，要及时清理周围灰皮油皮，并做好柱基、槛墙等的保护工作，即柱基、墙等用纤维素溶液糊纸做保护。

（二）一麻五灰地仗

施工顺序：汁浆→捉缝灰→扫荡灰→披麻→磨麻→压麻灰→中灰→细灰→磨细钻生。

1. 汁浆：木构件砍挠打扫后，汁油浆（稀底子油）一道将木件全部封刷严密，缝内也要刷到。

2. 捉缝灰：油浆干后用笤帚将表面打扫干净，将捉缝灰用铁板向缝内横掖竖划，使缝内油灰饱满，严禁蒙头灰。如遇铁箍，须紧箍落实，并将铁锈除净，再分层填灰，不可一次填平。木件有缺陷者，用铁板衬平借圆，满刮靠骨灰一道，有缺楞掉角者照原样补齐，线口鞧角必须贴齐。用铁钉子扎木件上的油灰，扎不动为干透了，之后用磨石磨之，并用铲刀修理整齐，用笤帚扫净，用水布掸去浮灰。

3. 扫荡灰：三人一组，分别做上灰、过板、找灰。即第一人用皮子上下反复上灰，要用较干的油灰，捋灰入木骨，然后在捋过的灰上覆第二遍灰。第二人随着用特制的板子刮平、刮直、刮圆。第三人用铁板找细，检查余灰和落地灰，把木件上的油灰找得达到要求的平直度。这道灰的厚度为2毫米，以木件表面的最高点为基点计算。油灰风干后，用磨石磨去飞翘及浮粒，打扫干净过水布。

4. 披麻：开头浆→粘麻→轧干压→潲生→翻虚→水轧→修理，共7道工序。

（1）开头浆：用糊刷往木件的扫荡灰上刷抹披麻油浆，浆的厚度约3毫米。

（2）粘麻：将梳好的麻粘于浆上，要横着木纹粘。遇到交接处和阴阳角处，也要按缝横粘，麻的厚度不小于2毫米，要均匀一致。

（3）轧干压：随铺麻随用麻轧子将麻丝轧实、轧平，轧麻的顺序是先轧鞧角接缝，之后轧边线，轧大面，逐次压实，直到表面没有麻茸为止。要注意鞅角不得翘起，不得崩鞅。

（4）潲生：以 4 成油满和 6 成净水混合调匀，刷涂于麻上，以不露干麻为限。

（5）翻虚：潲生后遂用小钉或麻压子尖将麻翻虚，以防内有虚麻和干麻。

（6）水轧：翻后再行压实，并将余浆轧出，防止干后发生空缝起鼓现象。

（7）修理活：水轧后再复轧一遍，认真检查，如出现棱角松动、局部崩鞅的现象，及时修整补齐。

5. 磨麻：油浆和麻丝自然风干后用磨石磨之，使麻茸浮起。不得将麻丝磨断。

6. 压麻灰：打扫干净湿布抽掸后，用皮子将压麻灰涂于麻上轧实。再度覆灰，厚度约 2 毫米，用板子顺麻丝横推裹衬，过平、过直、过圆。遇装修边框线角，要用专用工具在灰上轧出线角，粗细要匀、直、平。待灰干透后，用石片磨去疙瘩、浮仔，湿布掸净浮尘。

7. 中灰：用皮子将中灰在压麻灰上满溜一道，之后覆灰一道，再用铁板满刮靠骨灰，收灰，刮平、刮圆。总灰厚为 1～1.5 毫米以压麻灰为基点计算。中灰干透后，把板痕、接头磨平，湿布掸净浮尘。

8. 细灰：细灰是最后的一道灰，特点在细。用铁板在中灰层的棱角、鞅线、边框上刮贴一道细灰，找直、找齐线路，柱头、柱根找齐找严找圆，厚度约 1.5 毫米。梁枋、槛框、板类宽度在 200 毫米以内者用铁板刮，以外者过板子，柱子、檩条等曲面构件以及坐凳板、楣板使用皮子捋灰，而后过板子，灰厚约 2 毫米，接头要求整齐。细灰的质量要求比较严格。同时，上细灰要避开太阳爆晒和三级以上的风天气候，并避免淋雨、着水。

9. 磨细钻生：细灰干后，用油石或停泥砖精心细磨至断斑，要求平者要平、直者要直、圆者要圆。以丝头蘸生桐油跟着随抹随钻，同时修理线角、找补生油。钻生油必须一次钻好，如油沁入较快，可继续钻下去，不得间断，但也不能因钻油过多而发生"顶生"。油钻透后将浮油擦净，防止挂甲。待全部干透后用 100 目砂布精心细磨，不可漏磨，然后打扫干净。

（三）单披灰地杖

三道灰，施工顺序：汁浆→捉缝灰→中灰→细灰→磨细钻生。

二、质量要求：

（一）木基层处理

1. 斩砍见木：旧地仗斩砍见木，除净挠白，原构件不受损伤。新构件砍出斧痕，斧痕间隔、深度一致。

2. 撕缝：缝隙内旧灰迹及缝口清理干净、宽窄适度。

3. 楦缝：10 毫米以上缝隙用干材料楦实，表面与构件的原平面或弧度一致。

4. 下竹钉：若下架柱框的缝隙为 5～10 毫米时下竹钉，竹钉严实，间距均匀无松动。

（二）一麻五灰地仗

1. 汁浆：木构件表面的灰尘清除干净，用糊刷施涂油浆，油浆饱满，无遗漏。

2. 捉缝灰：缝灰饱满严实，无蒙头灰，残损变形部位初步衬形、衬平。

3. 扫荡灰：表面浮灰、粉尘清理干净，残损变形部位衬平、找圆，无遗漏。表面平整，线角直顺。

4. 披麻：表面浮灰、粉尘清理干净。粘麻必须是麻丝的长度与木构件的长度垂直，麻层平整均匀，粘结牢固，厚度一致。不得出现干麻、空麻包，鋬角严实，不得有窝浆、崩鋬的现象。

5. 磨麻：磨麻必须断斑出绒，但不得将麻丝磨断。

6. 压麻灰：表面浮灰、粉尘清理干净，无脱层空鼓的现象，大面平整，棱线、鋬角必须平、直、顺。

7. 中灰：表面浮灰、粉尘清理干净，用铁板刮使表面平整光圆，鋬角干净利落，棱线宽窄一致，线路平整、直顺。

8. 细灰：表面浮灰、粉尘清理干净，无脱层、空鼓、龟裂现象，大面平整，棱线宽度一致，直线平整、直顺，曲线圆润对称。

9. 磨细钻生：细灰断斑，但不得磨穿，大面平整光滑，鋬角整齐一致，生油钻透，无挂甲。

（三）单披灰地杖

三道灰：飞头、方椽头方正，棱角直顺，圆椽头成圆，椽望表面平整光滑。柳叶缝借平，椽鋬、椽根勾抹严实、直顺光滑。连檐、瓦口平整光滑、水缝下楞直顺，无接头。斗拱表面平整光滑，棱角直顺，花活纹饰清晰，鋬角齐整，边框平整，无龟裂开裂现象。

油饰

在油饰以前，要在磨细钻生的地仗上做一道细腻子，上油的方式与现在油刷刷油不同，用丝头搓，这样可以节约用油并能确保工程质量。

1. 上细腻子

用铁板在作成的地仗上满刮一道细腻子，找平刮实，接头处不要重复，灰到为止。在细灰地仗的边角、棱线、柱头、柱根、柱鞧处的小缝、砂眼、细龟裂纹，要用腻子找齐、找顺。圆面用皮子捋，叫做溜腻子。曾做过浆灰的地仗用一道细腻子，没有做过浆灰的地仗找两道细腻子，腻子干透了以后用一号或一号半砂纸磨平、磨圆、磨光，鞧角棱线要干净整齐，不显接头，磨成活以后用湿布掸净。

2. 搓油

刷油以前把建筑物内外地面打扫干净，洒上净水，把要刷的构件掸净。刷油部位不同，使用的工具也不同。上架椽望油饰用丝头搓油，就是拿着丝头沾上油向椽望上擦油，用油栓顺均匀。下架木件只用油栓沾上油就行了，顺着构件抹油（就是抹油来回刷），横着蹾匀（蹾就是把油竖着拉匀），再顺匀，轻轻漂栓（刷去栓的痕迹）。头道油叫垫光油，如果是银朱油饰就用章丹油垫光，其它颜色用本色油。第一道是底油，要刷到、刷匀、刷齐，油的用量要适当，过多会流坠，过薄则不托亮。油干了以后罩一道光油，再用零号或者一号砂纸磨垫光，磨到断斑（表面无疙瘩），边角棱线都要磨到，而后用干布擦掸干净。

3. 二道油饰（上光油）

头道油以后如有裂纹、砂眼，可以用油腻子找齐、找平，上油的方法同前。

4. 三道油饰（罩清光油）

上油前用干布把木件掸净，用油栓沾上清油一遍成活，不能间断，栓垄要均匀一致，横平竖直。

椽望油饰的颜色，绿椽肚占椽帮的 1/3，椽根占椽子全长的 10%～13%。凡有彩画就有绿椽肚，无彩画就无绿肚。有闸挡板就有椽根，没有闸挡板就没有椽根。椽根要刷得整齐一致。

油饰以后的表面要达到不流、不坠，颜色交接线齐整，无接头，无栓垄，颜色一致，光亮饱满，干净利落。

注意事项：

（1）熟桐油不掺不兑直接用在罩光油。

（2）配成的各种油料要过一遍细箩，拿牛皮纸盖严备用。

（3）擦油用过的麻头、盖油用过的牛皮纸燃点很低，在夏季的烈日下可能自行燃烧，用过以后应该立即销毁。

铲除旧地仗，重新做地仗、油饰。槛框、隔扇大边做一麻五灰地仗，菱花做二道灰，裙板二道半灰。垫光油 1 道，栗子色油饰 2 道，罩光油 1 道。

3-23 斩砍见木

3-24 汁 浆

3-25 捉缝灰

3-26 通 灰

3-27 使 麻

3-28 压 麻

3-29 压麻灰

3-30 磨 麻

3-31 使 布

3-32 中 灰

3-33 细 灰

3-34 磨细钻生

3-35 刷颜料油

3-36 罩光油

3-37 完 工

阇城地面

修缮说明

　　根据国家文物局文物保函〔2010〕1208 号《关于承德避暑山庄及周围寺庙——普乐寺保护修缮方案的批复》意见，对阇城台面的防水为了慎重起见，施工单位相关人员调查、走访了 20 世纪 70 年代～80 年代参加过普乐寺维修时的技术人员，并查阅修缮普乐寺档案资料。阇城地面砖层下没有锡背防水做法，具体做法是灰土垫层、墁砖二层（下层糙墁、上层细墁）。80 年代修缮时对二三层台面地面砖，揭取后整理、打磨，统一铺墁在三层地面，其二层用水泥砖代替。现有做法为原灰土垫层上铺垫了一毡二油防水层，其上为砖墁地。本次整修为了彻底解决台面渗漏及排水问题，对一层酥裂、破损凹陷严重的条石地面，采取局部揭墁和修补的方法。二层拆除水泥条砖、破损地面及后铺一毡二油防水层，找到渗漏点，对松散、缺损灰土补全、夯实后，加做一层柔性好、防水性强的新型防水材料——高强聚氨酯防水涂料。

　　第一，原做法无锡背防水做法；第二，传统的锡背防水通常在建筑顶部（坡顶）使用；第三，考虑到阇城的台面均为平顶，游客人数较多，再加上锡背较脆及价格昂贵，所以考虑了新材料防水。然后用原规格条砖重新墁地。具体做法如下：

　　一、施工做法

　　揭取二层台面水泥地面砖，按原有二城样条砖规格补配二层地面砖，条砖规格为 400×195×95 毫米。首先拆除水泥墁地砖、防水层及后墁水泥地面，按原做法重新墁地，台面泛水按 2% 找坡，使四面水均流入四面台边排水沟处，同时清理排水沟淤泥、杂物等，排水嘴、漏斗外闪、缺失的进行了补配。

　　1. 揭除原砖地面，检查灰土垫层的坚固性，尤其是对二层裂缝下松软的垫层进行补夯加固处理，把灰土垫层挖到渗漏下沉部位，找到原灰土坚硬处补全灰土夯实。

　　行夯时用横竖交叉筑打方法，使土层互相拉扯，也就是第一步灰土顺向夯实，第二步改为横向行夯，第三步又顺向夯，以此类推，层层叠压，形成一体，不致发生鼓裂现象。灰土必须夯平夯实，一定要坚固，以防地面再次渗漏，灰土夯好后加做防水措施。

　　2. 条砖地面铺墁前先找出泛水，二层以石墙根部至垛口墙石排水沟上皮为连接点找出泛水。以此为标准点往下 420 毫米处，开始垫 3:7 灰土垫层 150 毫米，用防水砂浆找平层，按要求刷聚氨酯防水涂料 20 毫米（刷三遍），其上再抹一层保护层（灰背）10～20 毫米，最后铺墁两层条砖，下层为坐灰泥墁糙砖，上层为细墁，用砖规格为 400×195×95 毫米。上层与下层砖缝错开，砖缝用油灰勾缝。

　　3. 防水材料涂抹时，两端与石构件相接时一定要紧贴石件边缘往上刷，做到严丝合缝，同时最上层砖用桐油钻生，砖与石构件处用油灰勾缝。防水材料严格按照防水规范和技术要求及注意事项施工。阁城地面除以上措施外，平时对地面积雪、雨水应及时进行清扫，尤其是阁城上的积雪应尽快清扫，防止雪水冻融对地面砖的破坏，同时限制游客登临阁城的次数。

二、主要材料

1. 青砖：条砖 400×195×95 毫米；400×200×100 毫米两种；质量要求：①砖的尺寸允许偏差：长度 -3～5 毫米，宽度 -3～5 毫米，高度 -1.5～1.5 毫米；②两条面高度差：不大于 5 毫米；③弯曲：不大于 2 毫米；④石灰爆裂：不允许；⑤抗压强度：平均值 ≥ 7.5MP；⑥泛霜：不得严重泛霜；⑧抗冻性：15 次冻融循环后外观无残损；⑨其它：不允许有欠火砖和酥砖，砖不得出现隐残。砖质细腻密实。砖瓦要求色泽均匀，边沿平直，弧线自然，断之无孔，不崩不裂，击之声正。

2. 白灰：块状生石灰，灰块比例不得少于灰量的 60%，各项指标执行《建筑生石灰》（JC/T497-92）钙质生石灰优等品标准。

3. 土：黄土，用于灰土和掺灰泥制作。

4. 防水材料：高强聚氨酯防水涂料，施工基面应平整，坚固、不得有杂物、灰尘及砂浆疙瘩，基层表面不得有明水，严禁雨天施工，施工现场严禁烟火，并注意通风换气；涂料主剂（甲组分）、固化剂（乙组分）必须按要求配制，误差不得大于 ±2%；采用人工涂刷涂料时，应按甲乙顺序将液体倒入容器中，并充分搅拌均匀；

涂刷时应分两次进行，以防止气泡存于涂膜内，第一次平板在基面上刮涂一层厚 0.2 毫米左右的涂层。等表面干透后使用金属锯齿进行第二次涂刮；配好的涂料应在 30 分钟内用完，随配随用；涂刷后 12 小时内需防霜冻、雨淋及暴晒；防水层完全干透后，方可进行下道工序；防水层铺设施工环境温度不得低于 5℃。

5. 油灰：白灰∶生桐油∶麻刀 =100∶20∶8。

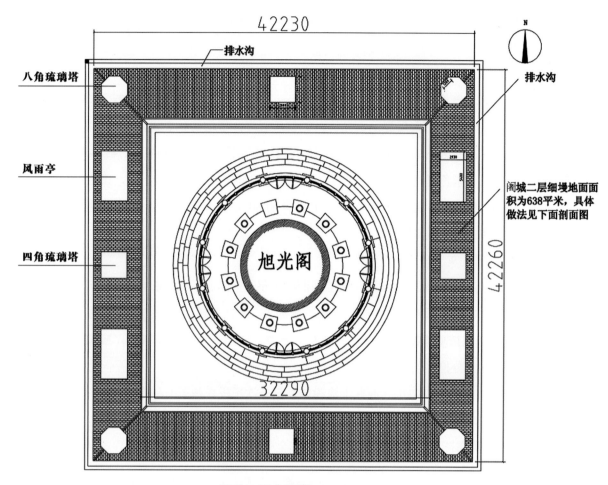

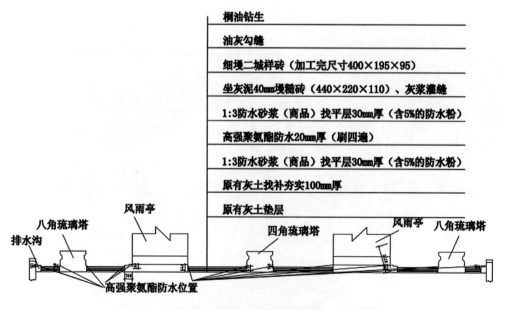

阁城二层地面及防水做法剖面图1：100

3-38 现场防护

3-39 施工勘探

3-40 揭除原条砖地面

3-41 清理原灰土垫层

现场原始裂缝

3-42 地裂宽度

3-43 地裂深度

3-44 模拟裂缝配比实验

3-45 配比实验

3-46 灌浆实验

3-47 浆料拌制

3-48 灌前湿缝

3-49 灌 浆

3-50 须弥座板材护身基座防
水材料防护、砂浆浇注

3-51 抹找平层

3-52 检查平整度

3-53 找平层完工

3-54 高强聚氨酯防水层涂刷

3-55 高强聚氨酯防水层涂刷

3-56 防水层完工

3-57 保护层浇筑

3-58 保护层完工

3-59 衬砖糙墁

3-60 掺灰泥铺墁

3-61 掺灰泥铺墁

3-62 白灰浆灌缝

3-63 面层条砖细墁

3-64 面层细墁完工

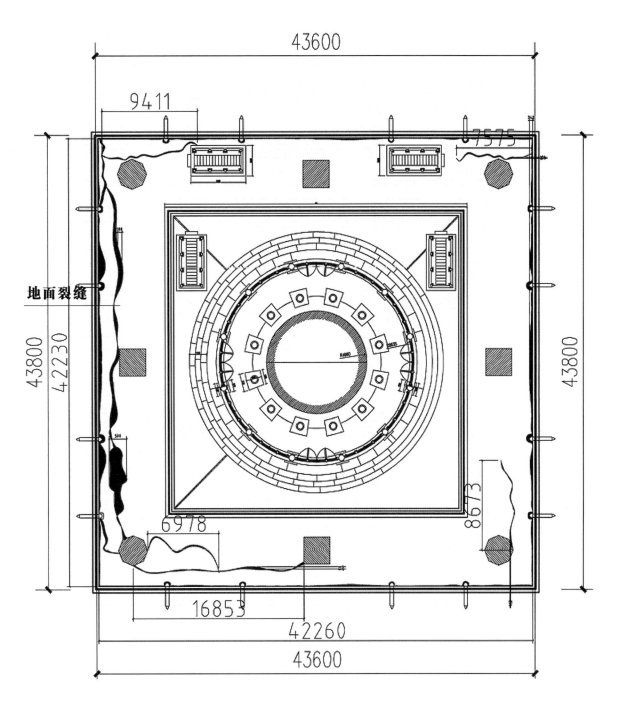

阖城二层裂缝平面图 （单位：毫米）

地面裂缝

塔　刹

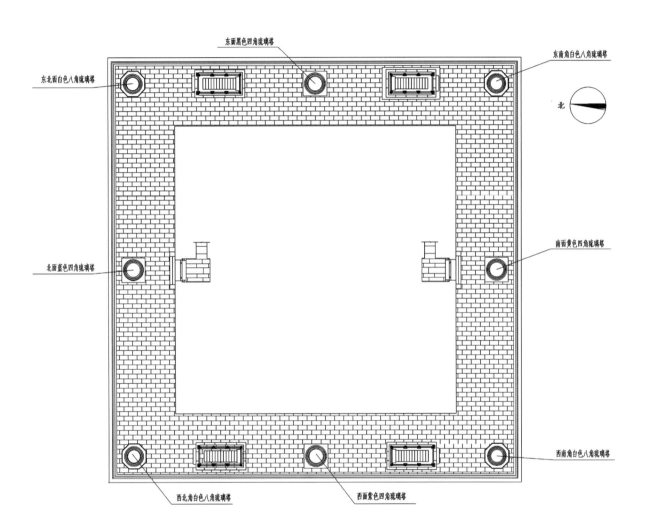

东面黑色四角琉璃塔

东南角白色八角琉璃塔

东北面白色八角琉璃塔

北

南面黄色四角琉璃塔

北面蓝色四角琉璃塔

西南角白色八角琉璃塔

西北角白色八角琉璃塔

西面紫色四角琉璃塔

琉璃塔位置平面图 1:200

东北角"眼佛"（观自在）菩萨属"地大"　　东南角"摩之枳"（普贤）菩萨属"水大"

西南角"白衣"（妙吉祥童子）菩萨属"火大"　　西北角"多罗"（兹氏）菩萨属"风大"

东面中（塔身黑色）

南面中（塔身黄色）

西面中（塔身紫色）

北面中（塔身蓝色）

修缮说明

　　普乐寺阁城是按藏传佛教曼陀罗形式建造的巨大石砌三层城台，城台顶正中为圆攒尖建筑形式的主殿——旭光阁，有迎东方曙光之意，与东方磬锤峰相对，更强调了寺庙主轴线的意义。而二层的八座五色琉璃塔更是突出了阁城的整体艺术价值。

　　八座琉璃塔，均为清代原构件，经历250余年风雨侵蚀，塔座的石材大面积风化、碎裂、酥碱，大量的精美纹饰破损，但塔座自身稳定性保存较好无歪闪、下沉现象；塔身的琉璃构件个别缺失、碎裂，局部脱釉，琉璃构件之间的勾缝灰局部缺失，但塔身整体性、稳定性较好，无明显的歪闪、通裂缝现象；铜质塔刹的全部缺失造成了雨水从塔顶渗入塔身内部造成破坏，尤其是承德普乐寺阁城琉璃塔塔刹补配及须弥座物理防护工程设计在季节交替时容易形成冻融，对琉璃塔整体造成危害，其次塔刹的缺失也破坏了文物建筑的整体性。

　　四角的四座塔为八角形，塔身白色，每面正中四座塔为正方形，色彩各异，西紫色，东黑色，南黄色，北蓝色；琉璃喇嘛塔包括凝灰岩（鹦鹉岩）的须弥座、白琉璃塔身、青砖砌筑塔芯，中心由一根木制雷公柱及铁件固定塔刹，十三相轮、铜质透雕卷草天地盘及铜鎏金日月宝珠、云罐。这八座琉璃喇嘛塔在密宗经典《大日经》中称为"八叶中台"，所谓八叶中台，就是将曼荼罗喻作莲花台，八座塔为八叶莲瓣，它们各有含义。四角塔塔座为八角形，塔身白色，表示四大。东南角为摩之枳（普贤）菩萨，是水大；东北角为眼佛菩萨（观自在），属于地大；西南角为白衣（妙吉祥童子）菩萨，属火大；西北角为多罗（兹氏）菩萨，属风大。这四个塔菩萨于一切成就之法皆悉能作，并能统领四面八方。四面塔塔座为正方形，代表四方佛。东方塔为宝幢，黑色，它以宝为庄严之幢竿，意思是天神，专司音乐，给极乐世界听；南方塔佛号大勤勇，为黄色，它表示威严，作用是仪仗，又叫做成所作事业；西方塔佛号仁胜，为紫色，代表无量寿，其作用是对不正确的行为做出判断，胜于世间任何智圣，以波罗密之行法，起镜之作用；北方塔佛号不动，其作用是静虑，不为苦乐所动摇，即不动无为。

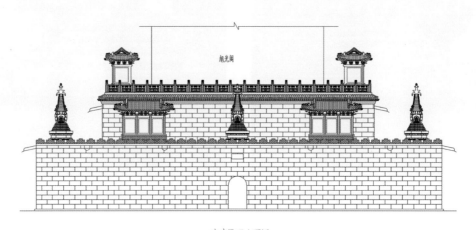

琉璃塔西立面图 1:200

现凝灰岩质须弥座和塔身已经破损严重，须弥座局部碎裂、酥碱、片状剥落，塔身琉璃构件严重脱釉，琉璃喇嘛塔的铜质透雕卷草天地盘及铜鎏金日月宝珠、云罐全部缺失。

根据图纸及普陀宗乘之庙五塔门及西五塔白台上现存清代塔刹作为依据，补配缺失的铜质透雕卷草天地盘及铜鎏金日月宝珠、云罐塔刹，并补配塔刹上铜铃。

对塔身现存琉璃构件仅进行除尘处理，不再补配新制琉璃构件，仅对琉璃构件之间的缺失勾缝进行补做，勾缝颜色随各琉璃塔现有勾缝颜色。对塔座周围进行除尘清理。

一、工程做法及工艺要求：

琉璃塔上补配的塔刹材料均为铜质塔刹。塔刹厚度及所雕刻纹饰、尺寸可参照普陀宗乘之庙五塔门及西五塔白台上保存的清代塔刹。

（一）青铜铸造工艺

由于现场施工条件制约，青铜铸造工艺施工为场外加工，避免与其他施工工序发生冲突，有效加快施工进度，保证工程施工的顺利进行。

1. 熔模铸造

熔模铸造又称"熔模精密铸造""失蜡铸造"。这种方法使用易熔材料制成精确的模样——易熔模，在易熔模表面涂覆多层耐火材料，或灌注耐高温的陶瓷浆料，硬化干燥后，将易熔模熔去，即获得具有与易熔模形状相应空腔的型壳，再经焙烧之后进行浇注而获得铸件的一种方法。

2. 原材料

模料原材料性能

名称	产地	标准	熔点	软化点	自由收缩率	抗拉强度	灰分（%）	密度
石蜡	大连	GB446－87（精白蜡）	56～70	>30	0.5~1.0	0.22~0.30	<0.11	0.88~0.91

名称	化学性质	熔点	耐火度	莫氏硬度	密度	热膨胀系数	多晶转变
硅石 SiO2	酸性	1713° C	1680° C	7	2.65 g.cm-3	12.3	有

硅砂：有一定耐火度和热化学稳定性，来源广、价廉。易脱壳清理。热膨胀率高，有可逆晶型转变，型壳尺寸稳定性差，高温强度低。铸造上用的硅砂有天然和人造两种，天然硅砂杂质和黏土含量高，耐火度低。熔模铸造用的是人造硅砂。人造硅砂是用硅石矿，经过人工挑选去除明显杂质，因此，杂质含量低，耐火度高。

3. 制壳黏结剂及制壳工艺

水玻璃的特性及技术要求：水玻璃 $Na_2OMSiO_2NH_2O$ 是 Na_2OMSiO_2 水解后形成的一种透明或半透明的胶体水溶。胶体粒子直径为 10～8 或 10～5 毫米，PH 值为 11～13，冰点的温度为－2～－14℃。冰结的水玻璃化冻后性质不变。

熔失蜡模采用热水熔失法，施工时应注意以下几点：

（1）水温 95 ～ 98℃

HCL：1%，（用于结晶氯化铝硬化剂及混合硬化剂型壳）

NH_4CL：3% ～ 8%，（用于氯化铵硬化剂型壳）

结晶氯化铝 4% ～ 6%，或再加 1% 的 H_3BO_3，时间为 15 ～ 25 分钟。

（2）型壳的焙烧

型壳焙烧的目的是去除水分、残留模料、钠盐及皂化物等挥发物，避免浇注时产生气体，导致出现气孔、浇不足或恶化铸件表面等缺陷。同时，经高温焙烧，可进一步降低型壳的发气性和提高其透气性，改善型壳物相组成以提高其高温性能。

（3）炉内气氛以氧化性为宜，有利于改善型壳高温性能。焙烧炉最好是煤气炉或油炉。

焙烧温度不宜高于 900℃，以防蠕变变形。

可热炉装壳，全硅石型壳宜小于 600℃ 入炉。

4. 浇注系统设计

设计浇注系统的原则：使液态合金平稳充满铸型，不冲击型壁和型芯，不产生涡流和喷溅，不卷入气体，并利于将型腔内的空气和其他气体排出型外。

阻挡夹杂物进入型腔，调节铸型及铸件各部分温差，控制铸件的凝固顺序。不阻碍铸件的收缩，减少铸件的变形和开裂倾向。起一定的补缩作用，主要是在浇道凝固前补给部分液态收缩。控制浇注时间和浇注速度，得到轮廓清晰、完整的铸件。

合金液不应冲刷冷铁和芯撑。浇注系统尽可能简单，面积小，体积小，有利于减少冒口体积，这样可节约合金液和型砂，提高砂箱利用率，方便造型，清理和浇注系统模样的制造。

5. 冒口

冒口的作用是在铸件凝固期间进行补缩，将冒口中的液态金属不断地补偿铸件凝固时的体积收缩，以消除缩松和缩孔。冒口设置应符合顺序凝固原则。即：

（1）冒口的位置应尽量在铸件最高、最厚的部位，设在铸件热节的上方（顶冒口）或旁侧（边冒口）。

（2）冒口应比铸件冷却得晚。

（3）在整个凝固期间，冒口应有足够的液态金属以补充铸件的收缩。

（4）冒口中的液态金属必须有足够的补缩压力和补缩通道，以使液态金属能顺利地流到需补给的部位。

（5）冒口应有正确型状，使所消耗的金属最少。有的冒口兼有排气和聚集浮渣的作用。

6. 浇注系统

尽量使铸件厚实部位接近浇道，薄的部位远离浇道。

厚壁部位较多的铸件，需采用多个内浇道，使铸件各部位均能得到补缩。

浇道应布置在离铸件各处都比较近的地方，使金属液在浇注过程中流动畅通，降温慢，阻力小，充型顺利，金属液上升时，型腔中液面高低一致，型腔中各处金属液都按定向凝固要求降温、冷却、凝固。

7.青铜合金熔炼工艺

（1）准备

1）炉料应清洁、无水、无油，装炉前预热。

2）坩埚预热至暗红色。

3）准备好覆盖剂。

（2）装料

加料顺序应符合：

1）先熔化数量最多的成分。

2）掌握合金熔点的变化规律，避免合金高漫熔化及中途凝固。

3）先加难氧化易还原的成分，后加易熔、易氧化、易挥发、易与炉气和炉衬作用的成分。

根据以上原则，一般铜合金为一次加料。响铜为二次加料，第一次只加电解铜。

（3）熔化：铜合金熔化温度在 1150～1250℃之间。

熔炼工艺

（4）脱氧：除普通黄铜、铝青铜及要求高的纯铜外，一般铜合金均用磷铜脱氧。磷量为铜合金重的 0.03% ～ 0.06%。除含锌高的黄铜外，一般采用二次脱氧，纯铜熔化后加 2/3 的磷铜脱氧，浇注前再加剩余磷铜脱氧。

（5）二次装料：有的铜合金需二次装料，第二次装回炉料。

（6）加纯金属或中间合金：含量很少的难熔、易氧化或易挥发元素要以中间合金形式加入。锡、铅等以纯金属加入。

（7）补充脱氧和精炼：调温至合适温度，加剩余铜。

（8）炉前检验：检查含气量、弯曲、断口等。

（9）吹氮气：第一，氮气经 $CaCl_2$ 除水干燥后导入熔池深处，造成铜液剧烈翻动，使溶解于铜液中的原子氢进入氮气泡，并随之上浮。第二，通氮速度 20 ～ 25L/ 分钟压力略高于铜液静压力，以不使铜液喷溅为宜，时间约 1.5 ～ 4 分钟。第三，吹氮只能排出氢，浇注前还应用磷铜脱氧。

（10）清渣准备浇注：用稻草灰清渣，铜合金调到合适的温度，准备浇注。

8. 浇铸工艺

将浇包预热，预热温度 200 ～ 350℃（金属液从炉中倒入浇包，再由浇包浇入型壳，转注过程中铜液热损失大，降温快，所以浇铸速度要快）。

双包交替浇铸不得中断。浇铸速度为 1000Kg 小于 60s。金属液浇铸温度为 1150 ～ 1250℃。

9. 雕塑铸件的修补

采用的修补法有焊补、环氧树脂粘补和浸渗法等。

焊补法：雕塑铸件表面穿透的孔穴和裂纹，小的缩孔、气孔、砂眼和夹渣、加工中的机械损伤等缺陷，可用焊补法修复。常用气焊修补，面部或关键部位时，可采用氩弧焊修补。

浸渗法：浸渗法是将液态材料（浸渗剂）渗透到疏松等缺陷里，硬化，堵塞孔洞，修复雕塑铸件的方法，浸渗是铸件防止渗漏的有效途径，广泛应用于各种室外铸造雕塑。浸渗方法有两种：局部浸渗，整体浸渗。

浸渗剂有：碱金属硅酸盐、碱金属铝酸盐、硫酸盐、干性油、合成树脂等。

10. 雕塑表面精整

铸件经过表面清理，尚存的表面缺陷须经精整，使其达铸件标准要求。这主要包括铸件局部黏砂、局部皱皮、浇冒口残根、披缝残留、飞边残留等。常用的手工工具是榔头、錾子、锉刀，常用的手动工具有风铲、风动砂轮、手提砂轮机，常用机械是固定式砂轮机、悬挂式砂轮机、电弧气刨机等。

11. 雕塑表面着色

（1）主要方法有：涂装着色就是以各种类型的有机涂料，应用浸涂、刷涂、喷涂等方法，在金属表面形成带色涂层。

（2）热处理着色，就是利用加热的方法，使金属表面形成带色氧化膜的着色方法。

錾刻工具

(二) 传统錾刻工艺

由于现场施工条件制约，錾刻工艺施工为场外加工，避免与其他施工工序发生冲突，有效加快施工进度，保证工程施工的顺利进行。

錾刻具体步骤如下：

第一步：准备

图纸：为一张大稿，一张与材料大小相同的图纸。

材料：铜质及青铜（根据图纸准备材料大小，厚薄）

錾子：半月、梯形、方形、长方形、空心形、点形、鱼鳞形等。

第二步：备料

均匀搅拌沙槽中的细沙，加入适量的水，再均匀搅拌，直到沙子充分吸收水份，然后，挖出材料需要大小的坑槽，将材料四周留出 0.5 厘米的缝隙。将四周拍实，拍平。

将需要使用的材料过火，淬火后，将材料放入凹槽，将材料放平，在对角线处，用木棍在沙堆中插大约 1 厘米的深度的孔道，若材料较大，可以在更多对应点增加控制点。

取适量铅块，放入长臂勺内，用高温火枪加热，直到出现融融状态。边加热边将铅液缓慢均匀倒入凹槽中。静置 40 分钟左右（量铅量多少而定），取出待錾材料，将凸起的控制点敲平，加固金属。

第三步：錾刻

将等比例的图纸用浆糊黏贴在金属上。待胶干后，可以开始进行錾刻，用大而带有弧度的錾子沿着图样边缘走出大的轮廓形。用不同的中小形錾子对图样进行深浅的塑造。营造立体感和层次感。用装饰用的錾子，做出纹理和细节。

第四步：成型

敲掉控制点，然后用钝且扁平的金属棒将金属从铅块上起下来。加热金属，淬火，成型，焊接，酸洗，抛光。较小件的金属器皿抛光皆为人工。

制作流程如下：

首先将青铜铜板剪切成预先设计需要的尺寸。构思制图，在宣纸上用毛笔（各种型号）绘制（要求各种结构线条表现到位）。具体如下：

1. 将青铜铜板进行加热，在下面的锻打作业时仍需要多次退火，主要是根据作业者的实践经验灵活应用。

2. 青铜铜板自然冷却后，在1:1模型上根据不同表现部分分体敲锻。

3. 从背后用锤子和木錾在沙袋上轻轻敲打，锻出透雕镂空的大形。这时从背面突出的冲眼可做大致的标准。敲打时，敲到轮廓以外亦无妨。凸起较高的部分须打深一点，较低的部分则打浅一点，这样对后面的加工较为方便。

4. 用木錾或铁錾调整大形，锻打出远近及质感的大体层次。

5. 先把锻造成透雕镂空大形雕塑退火软化，将凹面朝上放置。然后制胶，即把大白粉（填充剂）、机油（软化剂）、松香（固化剂）放入铁锅中加热成糊状，再倒入水槽中冷却。接着，把软化的胶填在凹处，并使用较大的铁锤敲打，使胶集中于中央部分，让胶紧紧贴在青铜铜板上。此时，应使用软胶（含松香较少）为宜，须注意青铜铜板与胶之间不可有空隙出现。

6. 然后使用较粗的圆帽形錾刀敲打周围，从表面敲打出轮廓。亦即保留高的部分，而仅仅敲打低的部分，使低的部分凹下。如青铜铜板外侧部分出现不自然往上翘的情形。其间要不断将其敲打平坦。

7. 完成大面之后，调整细节。高的部分不变，只敲打低的部分，在使用木制和铁制的錾刀时，必须由大而小轮换使用，若在一开始就用细的錾刀，则青铜铜板材料的质地就会变薄，很容易折断而破裂。所以，须经常从胶上拿下青铜铜板，加以软化后再敲打。

8. 接着，用圆帽形錾刀和平面形錾刀修整细微的、不自然的或伸出部分。表面凸起的部分须用平面形錾刀和枣形錾刀等底部平坦的錾刀轻轻敲打至平坦。此时，以使用硬胶（含松香较多）为佳。另外，用圆帽形錾刀来敲打底边与底边的界限，使其清楚的区分。表面高低不匀的地方，必须十分谨慎地敲打，使敲打的表面完全平滑，线条分明。

9. 单块完成后，再使用气体焊接，组成天盘、地盘整体，打磨焊缝。

10. 完成以上作业之后，还须用稀硫酸液加以酸洗，用金属刷子刷拭一番，再用清水洗净稀硫酸液后晾干。然后，用硫化钠（晶体）擦洗多次，使青铜铜板变黑，再自然凉干。做出古朴、凝重的效果。

11. 用金属清洁球擦洗天盘、地盘的高点部位，使之抛光，从而增强作品的层次感。最后进行上蜡防腐或喷透明漆等后处理，完成后安装。

（三）传统鎏金工艺

由于现场施工条件制约及鎏金工艺施工的有毒性质，鎏金工艺施工需要进行场外加工处理，避免与其他施工工序发生冲突，从而有效地加快施工进度，保证工程施工的顺利进行。

1. 预处理。无论是铜器还是银器，其待鎏金表面在鎏金前一定要处理干净，不能有一点锈垢和油污。否则，达不到鎏金的质量要求。

（1）用细钢挫将待鎏金面上残留的小疙瘩或残凸部分挫掉挫平。

（2）用粗砂纸打磨．然后再用细砂纸打磨，直至待鎏金面上不再留有砂纸打磨的痕迹。

（3）用磨铜炭蘸水打磨。使鎏金面光滑明亮，呈现镜面的效果。

（4）最后用清水将炭末冲洗干净。一般冲洗三遍，如果鎏金面上全部挂上水了，说明已无油迹；如果面上有水珠，说明有油迹．需要再打磨，直到面上全挂上水为止。鎏金面用清水冲洗干净后切忌赤手抚摸。如需要搬移器物，要戴上冲洗干净的橡胶手套。

2. 杀金，即熔炼金汞台剂（金汞齐）。

杀金工艺

（1）用剪刀将金箔剪成金丝，越细越好（约有一毫米宽即可），金丝长短不限。剪完后用手将其揉成一团，不要揉得太紧，金丝团中间要有空隙。团的大小要视坩埚大小而定。

如果鎏金时没有现成的金箔，有金块、金元宝、金豆等也可以。但要将其打成金箔，然后再剪成金丝。以金块为例，打金箔的方法如下：

①用铁丝将金块捆牢，放在炉火上烘烤，金块变红后马上从炉火中取出。晾凉后，拆去铁丝，将金块放在铁砧上，用开锤锤打。先用圆厚刃从金块中间横着向另一端一锤紧挨一锤地锤打。打到头后，再从中间横着向另一端一锤紧挨一锤地锤打。

打到头后，将已经锤打过的金面用开锤平顶一端锤平。当金块变成暗红色有了硬性时就不要再锤打了。再将金块用铁丝捆牢放在炉火上烘烤，刚一变红后即取出继续锤打，其方法如前。这样反复多次横打到一定程度时，便可竖着锤打，其方法同横着锤打的方法一样。一直将金块打成像厚纸一样薄为止。

②打成后的金箔呈暗红色（表面的氧化层颜色），必须用硝酸将其"咬"掉，再用清水冲洗干净，金箔就呈金黄色了。

③将金箔剪成金丝，然后揉成一团，备用。

（2）将金丝团放在坩埚里，然后将坩埚放在熔炉上加热。坩埚烧红后金丝团也慢慢烧红了。

（3）这时将汞倒入坩埚中。"杀金"时金和汞的重量比是 1:7。因金的比重是 19.32 克 / 立方厘米（20℃），汞的比重是 13.546 克 / 立方厘米（20℃），所以金丝沉在汞中。随即用长铁钳夹着一端烧红的木炭棍，用其烧红的一端搅拌，金丝很快熔入汞中，汞变稠，成为银白色的金汞合剂，即金汞齐。因形似泥状，故人们习惯称之为金泥。

（4）旋即用长铁钳将坩埚夹出. 将金泥倒入盛清凉水的搪瓷盆中（或瓷盆中，但不要倒入铁盆中）。金泥凉后，用手捏成堆块。按压金泥发出轻轻的吱吱声. 将金泥放入干净的瓷盘中备用。这就是"杀金"的全过程。过程中要求稳中求快、忙而不乱。特别要注意当金丝熔在汞中后应立即将坩埚从熔炉中夹出，不能耽误一点时间。因汞在高温下蒸发很快，不及时夹出汞继续蒸发，"杀金"一举不得，

前功尽弃。

3. 抹金

（1）在工作台上铺上洁净的高丽纸，整个台案上要整洁。把预处理好的待鎏金器物置于台案上；将硝酸（HNO₃）和金泥分别置入小瓷盘里，放在台案的一旁。

（2）在鎏金棍的秃头小铲上蘸上硝酸后，再抠块金泥，再蘸点硝酸在待鎏金面上涂抹，要一片紧挨一片地涂抹. 片与片之间不要留有空隙。红铜或银与金泥附着力很强，随着鎏金棍的移动待鎏金面变成了白色，但附着上的金泥很薄。第一次抠金泥时，先要在鎏金棍的秃头小铲上蘸点硝酸. 接着抠金泥时就没有必要先蘸硝酸了。

（3）在棕栓毛上蘸少许硝酸在涂抹上金泥的器面上刷，要把整个器面刷到，可乱刷。因涂抹金泥时是一片一片涂抹的，有的金泥层可能厚些，有的薄些. 有的器面上残留着金泥疙瘩。刷的目的

是把金泥层刷均匀，把附在器面上多余的金泥刷下来。刷下来的金泥要归拢在一起，清水洗净后放在瓷盘里。如果想用其接着抹金．则需要用洁净的脱脂棉将金泥上的水份吸干。

（4）随即用开水冲洗。目的是把金泥层上的硝酸冲洗干净。开水从器上流下来已变成白色。冲洗后，将器物浸泡在盛清凉水的搪瓷盆或木盆中。

4．烤黄

（1）备好白木炭火。火旺后白木炭红亮无烟（有的木炭烧旺后冒烟，不能使用）。用长铁钳夹着抹上金泥的器物在炭火上方烘烤。一边烘烤一边转动器物，一边用鬃刷子在鎏金层上面摁蹾。要连续摁蹾三、四遍。摁蹾时，不要把鎏金层烘烤得太热。

（2）鎏金层在白木炭上继续烘烤，慢慢地开始发亮，像汪着一层水银（汞的俗称），行话叫"水银烤开了"。这时，用棉花在鎏金层上擦一遍，要全部擦到，目的是把可能残存的金泥疙瘩擦下来，使鎏好后的金层平细。擦好后，就不要再触摸了。继续烘烤，水银不断蒸发，慢慢地抹上的金泥层局部地方向白色变成了暗黄色，而且不断扩大。等鎏金层全部变成暗黄色时，器物离开炭火，晾凉。

塔刹

5. 后处理

（1）器物晾凉后，用铜丝刷子蘸皂角水在鎏金层上轻轻刷洗。最好用细红铜丝刷子，这种刷子不伤鎏金层。但是这种刷子有一个缺点，红铜丝容易弯曲。这时可将刷子蘸清水在石头上摔甩，弯曲的细红铜丝就伸直了，可继续使用。经过刷洗后，鎏金层由暗黄色逐渐变成黄色，然后冲洗干净。至此，第一遍鎏金结束。但是器物鎏一遍金达不到鎏金的效果，一是鎏金面上有露铜的地方；二是金层太薄不能延年，可在已鎏完一遍金的鎏金面上再鎏变金。一般器物要鎏金二三遍，有特殊要求的器物要经四五遍甚至六七遍。再鎏金时其工艺流程同第一遍，鎏金工艺流程相同。

（2）器物鎏金后虽用铜丝刷子刷过，但是鎏金层仅发黄色且不明亮，要想达到鎏金优美的艺术效果，必须用玛瑙轧子或玉轧子轧。具体方法如下：

①在轧子刀头上蘸上皂角水，用厚圆刃在鎏金层上轻轻地一道紧挨一道地轧。竖轧横轧均可，扎时不能在鎏金层面上留有轧痕。轧鎏金层面积较大的器物用大轧子，反之用小轧子。轧完第一遍后，再轧第二遍。

②第二遍轧完以后，用粗布擦净鎏金层上的皂角水，接着再轧第三遍。这次轧就不蘸皂角水了，是干轧，时而用轧子刃轧，时而用轧子面轧，横竖交错轧。在轧的过程中，鎏金层由黄色慢慢明亮起来，最后变得金光闪闪鲜明耀眼，至此达到了鎏金效果。

③鎏金完毕后，将器物放在洁净的台案上，器物下面铺上新高丽纸，旁边不能有水银和金泥渣粒。如果不小心鎏金层面上蹭上一点水银或金泥，该处就会变成一小块水银白色且不断扩大，很快变成一片白色，既擦不掉，也抹不去。要想除去白色，只能再将此处放在白木炭火上烘烤，水银蒸发后白色才能去掉。所以务必注意，绝对防止水银或金泥再接触已经鎏好的金层，否则"一着不慎，满盘皆输"。如果鎏金完毕后还有金泥没有用完，可将金泥放入瓷碗中，用清水浸泡起来。因清水会慢慢蒸发，金泥一旦露出清水裸露在空气中，水银就会"跑掉"，时间长了金泥就干了，所以要随时添加瓷碗里的清水，使清水没过金泥。这样金泥便可长期保存使用。

6. 最后压光：用玛瑙或硬度达到七八度的玉石作成压子在镀金面反复磨压，使镏金面更加光亮和牢固。

鎏金时用的主要材料和工具如下：

（1）鎏金时用的主要材料：纯金箔，汞，硝酸（化学纯度），磨铜炭（松木炭）和白木炭（杉木炭）。

（2）鎏金时用的主要工具：

剪子。其大小以能剪开金箔为准。

铁砧。

开锤，即锤头一面为平顶，一面为圆厚刃的铜锤。

坩锅。

长柄铁钳。

木炭棍。长约 15 厘米，直径约 1.5 厘米。

鋈金棍。长柄红铜秃头小铲,可自制。用长14厘米,直径0.4厘米的红铜棍.将一端打成秃头小铲,铲刃圆厚,用砂纸和磨铜炭将铲面铲刃打磨光滑。铲长约3厘米、4厘米,宽约1厘米、0.5厘米不等。鋈金棍的大小可视鋈金面的情况而定。另一端是柄。

棕拴。即油漆匠使用的工具,长扁形。使用前,用小刀将拴的一端漆皮层切除,露出约1厘米的棕毛,即可使用。

猪鬃刷子。即油刷和板刷。

铜丝刷。最好是红铜丝刷。

皂角水。皂角也叫皂荚,落叶乔木。将荚果折断,泡在清凉水中,用棒搅拌至起泡沫即可。

轧子。长柄刀形,刀头是用玛瑙或玉制成的,用铜箍束,刃呈厚圆形。大号轧子刀头长约8厘米,宽约3厘米;中号轧子刀头长约3厘米,宽约1厘米;小号轧子头长约2厘米,宽约0.3厘米。轧大面积的鋈金面时用大号轧子,轧小面积鋈金面时用小号轧子。

瓷盘、瓷盆或木盆等。

（四）汞中毒及防护措施

1. 汞中毒

为了叙述方便简明,前面在向读者介绍传统鋈金工艺时未谈及汞中毒和防护问题,但这是一个不容忽视的问题。因为在鋈金过程中有大量汞蒸气扩散,不但污染周围环境,而且危害人体健康,特别是操作人员身体的健康。

汞，化学符号 Hg，俗称水银，为易流动的银白色液态金属，内聚力很强，熔点 -38.87℃，沸点 356.589℃，因汞离子是一种强烈的细胞原浆毒，能使细胞中蛋白质沉淀，故汞蒸气和汞的大多数化合物都有剧毒。在鎏金过程中，特别是在"杀金""烤黄"工序中，因在火上进行，会产生大量汞蒸气，通过呼吸道、食道、皮肤侵入人体引起汞中毒。慢性中毒者口腔发炎或精神失常，急性中毒者有腹泻、腹痛、血尿等症。闻名于世的日本"水俣"病，就是因日本氮肥公司在水俣镇设厂，向海水中排放大量含有甲基汞的废水，使鱼类中毒，人吃了毒鱼痴呆麻木，精神失常，甚至死亡。所以，我们在鎏金过程中必须要有效的治理防护措施，而不是采取原始的"站上风""含口酒"的方法和把祸害转嫁给别人的"以邻为壑"的方法。我们一要防止汞中毒保护人身健康，二要避免毒气扩散保护周围环境。

2. 防护措施

（1）汞废气净化的系统设备及其工艺流程

1981 年，故宫东南角楼宝顶施工时所使用的汞废气净化系统设备，就是在北京市劳动保护科学研究所和北京市环境保护监测站支持帮助下安装起来的。其设备主要由喷淋塔、贮液池、"烤黄"罩、"杀金"炉、通风机、耐酸泵、管道等部件组成。
采用酸性饱和高锰酸钾（饱和高锰酸钾水溶液，5％硫酸）作为吸收剂，净化废气中的汞。属于化学吸收。

汞净化工艺流程简述如下：

①开动耐酸泵，使贮液池中的净化液经过水泵、塑料管、喷头，呈雾状在塔内喷淋。

②开动通风机，使"杀金""烤黄"时产生的汞蒸气经过进风管道、通风机进入喷淋塔底部，含汞气体由塔底上升与净化液（酸性饱和高锰酸钾水溶液）接触，进行化学吸收。

③净化后的气体经塔顶的排气管道进入贮液池，再次与净化液作用达到二级净化，经二级净化的气体从贮液池盖上排气管道自然排出。在塔中与汞蒸气接触后的净化液从塔底流回贮液池循环使用。贮液池中含汞废气净化液经处理达标后方可排放。

（2）鎏金操作规程

在鎏金实践中我们总结了七条操作规程：

①鎏金前，要检查净化系统设备是否完善。

②操作人员必须身着长袖工作服、工作裤，戴工作帽和防毒口罩。

③因汞的比重大，易流动，落地不易收净，故鎏金时在器物下应铺上高丽纸或放置大的器皿。

④不要在鎏金车间就餐、吸烟、饮水。工作完毕，要洗净手脸，嗽口。有条件最好洗热水澡。

⑤鎏金时用过的纸、棉花等物，应在吸罩下烧毁。

⑥在鎏金过程中，如发现有汞中毒症状立即就医治疗。

⑦在鎏金过程中，操作人员要注意饮食以辅助排汞解毒。

琉璃塔历史照片

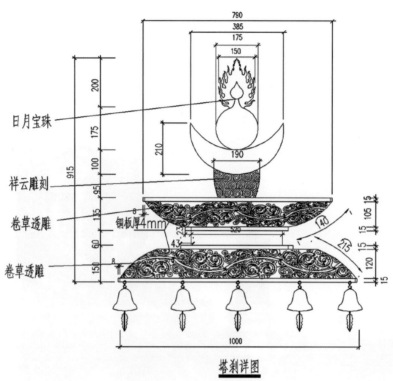

日月宝珠

祥云雕刻

卷草透雕

铜板厚4mm

卷草透雕

塔刹详图

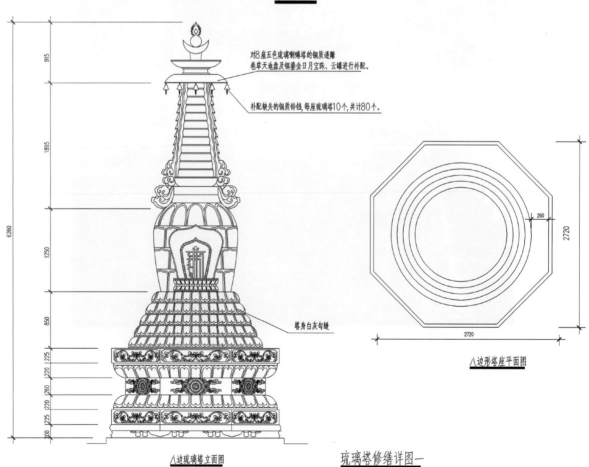

对8座五色琉璃喇嘛塔的铜质透雕
卷草天地盘及铜鎏金日月宝珠、云罐进行补配。

补配缺失的铜质铃铎,每座琉璃塔10个,共计80个。

塔身白灰勾缝

八边琉璃塔立面图

八边形塔座平面图

琉璃塔修缮详图一

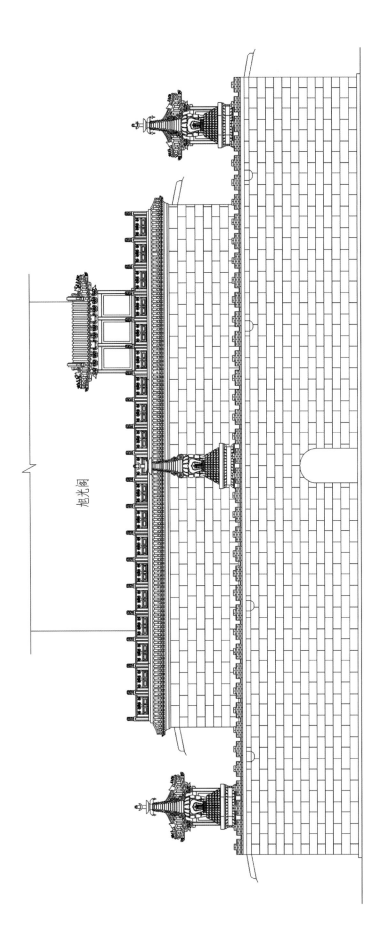

旭光阁

琉璃塔南立面图

3-65 天盘蜡模

3-66 地盘蜡模

3-67 塔座保护

3-68 塔座防护完成

3-69 搭设脚手架

3-70 塔顶原状

3-71 人工剔凿

3-72 人工剔凿

3-73 雷公柱露出

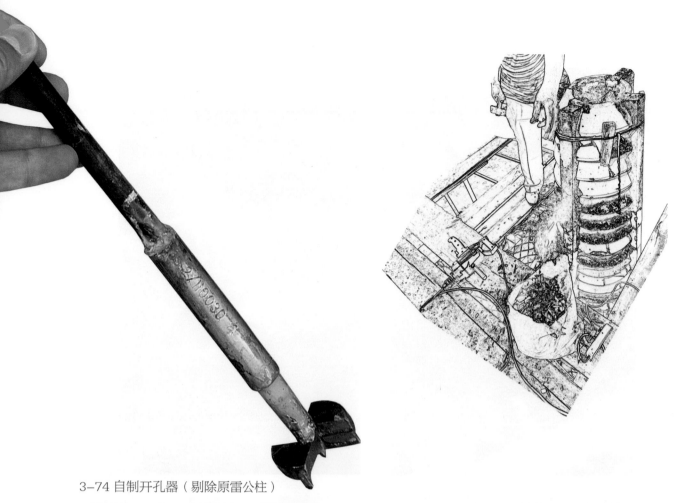

3-74 自制开孔器（剔除原雷公柱）

3-75 槽朽雷公柱剔除

3-76 安装新制雷公柱

3-77 塔刹搬运

3-78 塔刹安装

3-79 安装校对

3-80 风铃等距定位

3-81 塔刹安装完工

3-82 白灰勾缝

3-83 完 工

第四节　宗印殿（正脊八宝及古文字、檐柱挖补干摆墙拆砌、菱花窗补配、透风砖补配）

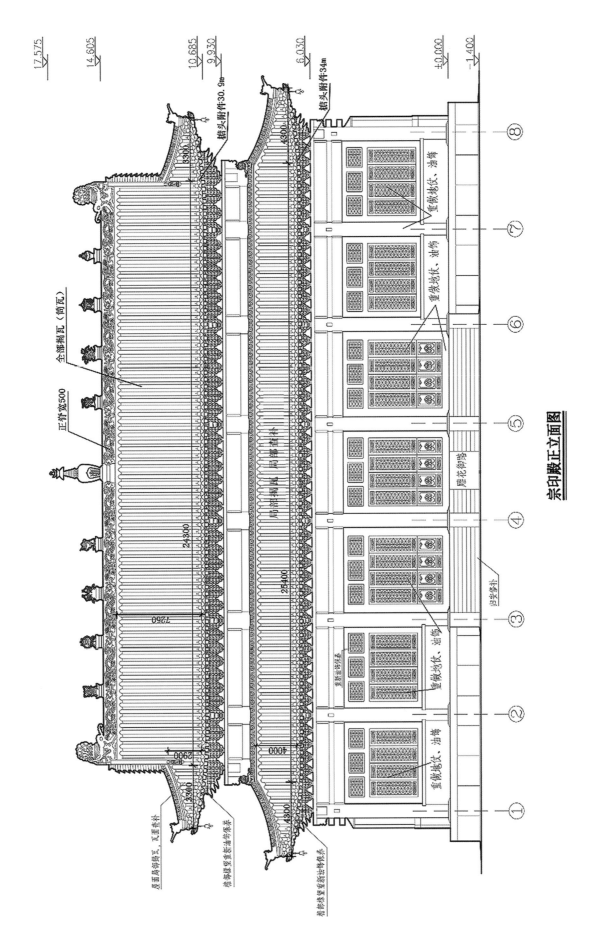

崇印殿正立面图

正脊八宝及古字

吉祥八宝概述

　　吉祥八宝即八吉祥，又称八瑞吉祥，八宝吉祥，藏语称"扎西达杰"，是藏族绘画里最常见而又赋予深刻内涵的一种组合式绘画精品。大多数以壁画的形式出现，也有雕刻和塑造的立体形，这八种吉祥物的标志与佛陀或佛法息息相关。其图案在各种藏族生活用品、服装饰品中非常常见。

　　近年以来，这组八宝吉祥的图案或标志，在藏族地区被广泛地用作装饰。那极具想象力的图案和富丽堂皇的色彩，被浪漫而诚信的藏民族张扬在生活的各个角落。于是神圣的八宝吉祥便进入了千家万户，在建筑的墙壁、天花板和柱子上都绘有八宝吉祥的图案，甚至在金属、木头、石头和陶瓷工艺品上也刻有八宝吉祥的图案。比如在西藏最受喜爱的一种陶瓷碗上就标有完整的八宝吉祥图案，人们称其为"八宝吉祥碗"。从藏传佛教的角度讲，如此广泛地绘制八宝吉祥的图案，可以时刻提醒人们不要忘记必须遵守的宗教信条，同时也寄托着人们对美好生活的憧憬和向往。

宗印殿正脊

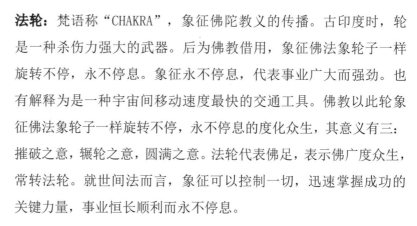

法轮：梵语称"CHAKRA"，象征佛陀教义的传播。古印度时，轮是一种杀伤力强大的武器。后为佛教借用，象征佛法象轮子一样旋转不停，永不停息。象征永不停息，代表事业广大而强劲。也有解释为是一种宇宙间移动速度最快的交通工具。佛教以此轮象征佛法象轮子一样旋转不停，永不停息的度化众生，其意义有三：摧破之意，辗轮之意，圆满之意。法轮代表佛足，表示佛广度众生，常转法轮。就世间法而言，象征可以控制一切，迅速掌握成功的关键力量，事业恒长顺利而永不停息。

法螺：梵语称"SHANKHA"，象征佛法音闻四方。佛经载，释迦牟尼说法时声震四方，如海螺之音。故今法会之际常吹鸣海螺。在西藏，以右旋白海螺最受尊崇，被视为名声远扬三千世界之象征，象征着达摩回荡不息的声音。佛教用海螺象征佛遍扬十方的法音。故海螺能带给我们美名，代表佛陀之语，象征佛的法音广为流传，生生世世永不停止的度化众生，一切众生都懂得佛的法语。就世间法而言，象征功成名就，声名远播，家喻户晓，名声显赫。

宝伞：梵语称"CHATTRA"，象征佛陀教诲的权威。古印度时，贵族、皇室成员出行时，以伞蔽阳，后演化为仪仗用具，寓意为至上权威。藏传佛教亦认为，宝伞象征着佛陀教诲的权威。代表至上权威和保佑平安。佛教取其"张弛自如，曲复众生"之意，以伞象征遮蔽魔障，守护佛法。宝伞喻为佛头，可以保护众生在轮回中不受烦恼、痛苦和障碍，帮助众生依止佛的法门来修持。就世间法而言，宝伞象征能掌握权威力量，德高望重，求官位得官位，权力稳固而平安。

百盖：梵语称"DHVAJA"，象征修成正果。佛教用幢寓意烦恼孽根得以解脱，觉悟得正果。藏传佛教比喻十一种烦恼对治力，即戒、定、慧、解脱、大悲、空无相无愿、方便、无我、悟缘起、离偏见、受佛之加持得自心自情清净，象征降伏烦恼得解脱。佛教以此智慧之幢比喻抵弃一切烦恼魔军，象征摧破之义，从而战胜烦恼得解脱及觉悟。在三千世界中没有任何事物可以胜过佛，佛就如此胜利幢一样不断地说法，使众生得到解脱。就世间法而言，可战胜一切事业上的违缘困难，得到各种尊贵的社会地位，获得事业的巨大成功。

莲花： 梵语称"PADMA"，象征出污泥不染的品质及修成正果。莲花出污泥而不染，至清至纯。藏传佛教认为莲花象征着最终的目标，即修成正果。象征至清至纯的清净，代表纯洁心灵。莲花柔美异常，能使人们免於不净，并能给他人带来种种的悦意。莲花在佛教中是清净、圣洁、吉祥的象征，清静无染象征解脱一切烦恼。莲花代表佛的舌头，佛在说法时候流利顺畅，宛如金莲。就世间法而言，莲花象征着我们用柔善而纯洁的心灵去对待别人，容貌上就自然能焕发出发自内心的美，从而赢得别人的欣赏尊重和爱戴。

宝罐： 梵语称"KALASHA"，象征阿弥陀佛也象征灵魂永生。藏传佛教寺院中的瓶内装净水（甘露）和宝石，瓶中插有孔雀翎或如意树。即象征着吉祥、清净和财运，又象征着俱宝无漏、福智圆满、永生不死。宝瓶象征财运和吉祥如意，代表财富汇聚和长寿。宝瓶更是密宗修法灌顶时的必备法器之一，象征佛之善法的宝库，能满足众生的一切愿望。宝瓶象征佛的颈，宝瓶中充满甘露，代表佛不断说法利益众生。就世间法而言，宝瓶象征着我们掌握着财富之源，更象征着我们象宝瓶一般可以装载和拥有无限的财富和福报，福报无量寿无量。

双鱼： 梵语称"SURVANA MATSYA"，象征自在与解脱，也象征慧眼。佛教用以比喻超越世间、自由豁达得解脱的修行者。藏传佛教中，常以雌雄一对金鱼象征解脱的境地，又象征着复苏、永生、再生等意。象征自由和超越，代表富裕和祥和。鱼行水中，畅通无碍，可透视混浊的泥水，故金鱼有慧眼之意。金鱼的眼睛象征佛眼，金鱼眼睛常开，就象佛时时刻刻照顾众生，永不舍离众生。世间法而言，她象征着我们可以洞察事物本质，有着超人的智慧，从而可以更自由自在地获得财富及自由。

盘长： 梵语称"SHRIVATSA"，代表有关宇宙的所有理论和哲学的《梵网经》。吉祥结较为原初的意义是象征爱情和献身。按佛教的解释，象征着跟随佛陀就有能力从生存的海洋中打捞起智慧珍珠和觉悟珍宝。象征心灵的沟通，代表永恒的爱，能够成就各人特殊的愿望，并增长人们互相沟通的智慧等。佛教认为吉祥结代表佛无尽的教法，能够回环贯彻、求无障碍。吉祥结代表佛的心，佛心广大圆满，充满智慧。世间法而言，象征我们能够增进相互心灵的沟通和理解，能从各个方面去理解不同的事物，增长智慧。

正脊古字

宗印殿屋面搭设脚手架后，对屋面整体进行了详细的施工前勘察，发现宗印殿正脊八宝脊件上存在雕刻的文字，施工方立即上报给承德市文物、设计单位及监理单位，遂组织现场文物考古分析。经过认真比对及史料查找分析后，发现承德文物局档案室内并无宗印殿正脊八宝脊件古文字的记载，故此次发现尚属首次，之前并未留有文字及影像资料。

经过施工方经验丰富的项目经理及专家分析，认为正脊文字应该有一定的排列规律及含义，分析认为在 20 世纪 70 年代宗印殿修缮过程中，正脊拆安归位时，由于工匠师傅技术水平及文化底蕴的不足，可能在正脊八宝安装施工时将原有的八宝脊件顺序弄混乱了，现在的文字顺序由北向南为：春（吉祥结）、花（胜利幢）、地（宝鱼）、雯（金莲花）、生之（金法轮）、元（白海螺）、天（宝瓶）、黄（宝伞）。施工方推测：认为正脊文字应该按照千字文内容进行顺序排列，应为：天（天）、地（地）、生之（玄）、黄（黄）、春（宇）、花（宙）、雯（洪）、元（荒）；或者按照佛教八宝顺序进行排列为：生之（轮）、元（螺）、黄（伞）、花（盖）、雯（花）、天（罐）、地（鱼）、春（长）。

另外发现正脊还刻有万字五号、万字六号等字，含义不清。

以上发现和推断为施工方观点，不作为官方确凿依据，仅供参考。

4-1 脊件古字—万字六号

4-2 脊件古字—万字五号

35*4mm铜箍固定

35*4mm铜箍固定

35*4mm铜箍固定

35*4mm铜箍固定

裂缝处环氧树脂粘接

宗印殿正吻立面图

4-3 正脊古字—花、春、生、雯、元、天、地、黄、之

檐柱挖补干摆墙拆砌

修缮说明

宗印殿发现墙体渗水，推测为雨水由屋面渗入墙体中，渗水部位位于后檐步明间东侧柱子根部，由于长时间雨水浸泡，檐柱估计有糟朽现象，为了彻底解决文物本体安全隐患，须将包砌柱子的干摆墙拆除，以便于糟朽柱子的进一步勘察及施工。

一、槛墙的两端同柱子交接处

都要砍成八字柱门，但与山墙里皮或廊心墙下碱相交处不留柱门。槛墙与柱子交接处，角度为120度，柱门的宽度应与柱径相同；槛墙吃进柱子3/4柱径，两槛墙之间露出约1/4柱径。槛墙干摆采用"十字缝"砌法，墙里侧要加暗丁，灌浆。

二、加工后的砖面

必须铲磨平光，不得有刨子印、斧花、鉴影，不得有肉肋及倒包灰，看面必须拐尺格方，宽窄一致，棱角完整、无缺陷。所用灰浆的品种、配比，必须符合传统工艺的要求。

三、干摆槛墙

1. 弹线、样活：先清扫基层，用墨线弹出墙的厚度、长度及八字位置进行试摆"样活"，此时样活只是为验证和适当调整。

2. 摆第一层砖打站尺，在墙的两端拴两道垂直的立线，在两线之间拴两道横线，上面的叫罩线，下面的叫卧线。第一层砖下如不平，要用麻刀灰抹平（衬脚）。在衬脚上摆砌，要干摆，立缝和卧缝都不挂灰。遇柱顶石砖要随柱顶石的鼓镜形状砍制，要严丝合缝，砖的后口要用石垫在下面叫"背

砖块加工

撒"，石碴不要长出砖外，砖的顶头缝一定要背好"捌头撒"，"背撒"时不能用两块重叠起来背。第一层摆完后用平尺扳平，面与基础上的墨线贴近，中间与卧线贴近，上面与罩线贴近，检查砖面。如果砖面未贴近尺或顶尺，必须纠正以求得砖面的平直。

3. 背里填陷：干摆要里外皮同时进行，"背里"也要同外边干摆一样挂线，中间空隙要用糙砖填充，即"填陷"；背里尽量与干摆保持高度一致，背里或填陷砖与干摆不要挨紧，要留有 1～2 厘米"浆口"。

4. 灌浆抹线：灌浆要用生石灰浆，浆应分三次灌。第一次和第三次较稀，第二次应稍稠，灌浆前进行打点，以防浆液外溢弄脏墙面。第一次灌 1/3，第三次在两次灌浆的基础上弥补不足的地方。灌浆即不要有空虚之处，又不要过量，否则会把砖撑开。灌完第三次浆后，要把浮在砖上的灰浆刮去，然后用麻刀灰将灌过浆的地方抹住，即"抹线"。此道工序可防止上层灌浆往下串，而撑开砖，是一道不可省略的工序。

5. 刹趟：在第一次灌浆后，要用"磨头"将砖的上棱高出的部分磨去，但不要刹成局部低洼，目的是为了摆下一层砖时严丝合缝。

6. 逐层摆砌：以后每层都要挂线，摆砌时"要上跟绳卜跟棱"，摆砌时磨得较好的棱朝下，有缺陷的棱朝上，缺陷可以在刹趟时去掉。干摆要"一层一灌，三层一磨，五层一礅"，摆砌若干层后，搁置一段时间（一般为半天）再继续摆砌。

7. 打点、修理：干摆砌完后要修理，用磨头将砖与砖接缝处高出部分磨平，用砖面灰将砖的残缺部分和砂眼填平，用"磨头"蘸水将打点过的地方和墁过干活的地方抹平再蘸水，把整个砖面揉摸一遍，以求色泽和质感的一致；用清水和软毛刷将整个墙面清扫后冲洗干净，显出"真砖实缝"，冲水应在全部完成后，以免因施工弄脏墙面。

8. 打点、修理时，严禁使用青浆和月白浆等涂刷墙面。

9. 干摆墙要求：墙面平整，严丝合缝，干净美观。墙面平整度 1 平方米不大于 2 毫米。水平缝 2 米以内不大于 2 毫米。墙标高 1 米以下 ±5 毫米。

四、柱根挖补

1. 根据设计要求，柱根表皮糟朽，需做剔补和防腐处理。具体做法是：先将糟朽的部分剔凿，剔凿的大小、深浅以最大限度保留柱身没有糟朽的部分为宜。为了便于嵌补，要把所剔的洞铲直，洞壁也要稍微向里倾斜，洞底要平实，再将木屑杂物清理干净，然后用干燥的木材，制作成已凿好补洞形状的补块，抹胶，将挖补的补块楔紧严实，待胶干后，用刨子或扁铲修成随柱身的弧形。补块较大的还可用钉子钉牢，将钉帽嵌入柱皮，以利于做地仗油饰。如果所挖补的柱子不露明，要刷防腐剂处理。

2. 如果柱根周围糟朽部分较大，柱身半周左右、糟朽深度不超过柱子直径的 1/4 时，可采取包镶的方法。做法与挖补做法相同。只是补块可分段制作，然后楔入补洞就位，拼粘成随柱形。补块的高度较短的用钉子钉牢，补块的高度较长的需加铁箍 1～2 道。铁箍的搭接处可用适当长度的钉子钉牢。铁箍要嵌入柱内，箍外皮与柱身外皮齐，以便地仗油饰。

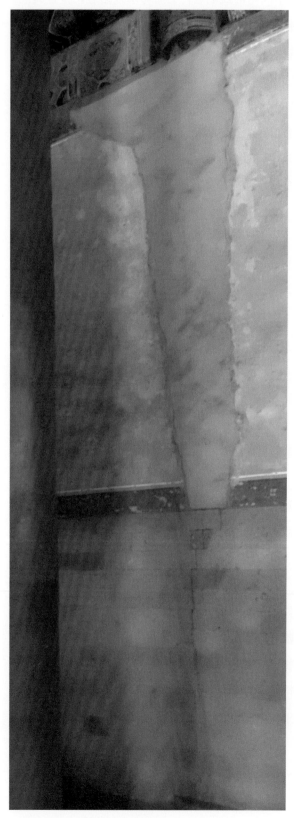

4-4 干摆墙开裂 水渍明显

4-5 剔柱门

4-6 包镶柱剔补

4-7 样 砖

4-8 砍 砖

4-9 打灰浆

4-10 浇 浆

4-11 补 砌

4-12 墙体灌浆

4-13 补 砌

4-14 完 工

菱花窗补配

修缮说明

　　菱花是明清宫殿建筑门窗槅扇棂条装饰之一。菱花窗有斜交和正搭斜交两种，由雕有菱花的木条相互榫卯拼接在一起。菱花木条的组合方式也跟建筑的等级有关，六瓣形的菱花窗为"正搭斜交"是最高等级的样式，次者为双交四椀棱花，往下依次为斜方格、正方格、长条形等。

　　"三交六椀"菱花样式图案，象征正统的国家政权，内涵天地，寓意四方，是寓意天地之交而生万物的一种符号。三交六椀菱花图案的门窗往往被选用在帝王宫殿的门窗上或代表神权寺庙的门窗上。整个图面以菱花为实，圆孔为虚的菱花锦图，给人一种既是规整的几何图锦，又是一种规整的象形图锦的审美感受。

　　宗印殿隔扇装修缺失的棂条、菱花扣较多，根据图纸方案的要求，需要清理装修槛框和隔扇上尘土，补配缺失的棂条、菱花扣。

　　木装修安装尊重原制式，采用整修挖补，窗扇整修要用胶、加楔，调方找正。窗扇残损和局部糟修部位，用烘干红松或原窗木种进行挖补。挖补时，要根据损坏大小做成几何形状嵌补严实，保证表面光滑。

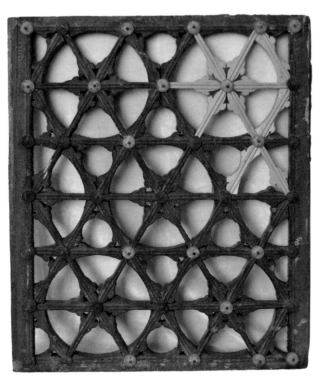

槅扇棂条、菱花扣补配

4-15 手锯下料

4-16 放 样

4-17 放样完工

4-18 线锯下料

4-19 线锯下料   4-20 打 磨

4-21 半成品完工

4-22 样 活

4-24 添配完工

4-23 添 配

4-25 菱花扣制作

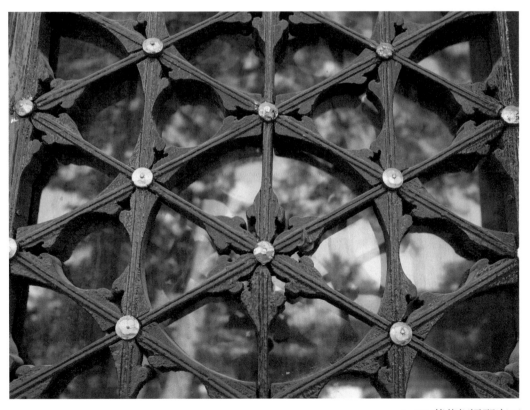

4-26 菱花扣添配完工

透风砖补配

修缮说明

宗印殿墙体透风砖损坏、酥碱严重，并且缺失较多，根据图纸方案要求进行补配，恢复其原有形制。具体工艺如下：

1. 先用錾子将酥碱严重的地方凿掉，缺失部位用錾子去除残留砖块及灰渣。凿去酥碱的透风砖应保证清除干净彻底。剔除酥碱透风砖时不要剔伤相邻的砖，保证相邻的砖棱不损坏。剔好后清理干净。

2. 按原有透风砖的规格重新定制及砍制新砖。

3. 补配透风砖前，将需要修复的地方用水洇湿，里面及砖的四棱里口均要打灰，然后把透风砖塞进。补好后的透风砖面要和墙面平，严丝合缝，高出的部分用磨头磨平，如果相邻的砖由于风化比原墙面低一点，不要追平相邻的砖，要同整体墙面保持齐平。

4. 补完后要进行打点漫水活，看出"真砖实缝"。

5. 注意及问题事项：

（1）透风位置太高，使柱根部位无法行成空气流通，造成柱根糟朽。

（2）透风位置太低，台明上的雨水容易进入墙体，造成柱根浸蚀糟朽。

6. 原因分析：

操作人只知道透风砖可使空气进入墙内，可预防柱根糟朽，但不知道预防效果与透风砖位置高低有着直接和重要的关系。

7. 防治措施：

普通砖墙的透风砖应放在第二层砖之上，城砖墙的透风砖应放在第一层砖之上。

4-27 透风砖位现状

4-28 备 砖

4-29 样 活

4-30 补 配

4-31 补 配

4-32 补配完工

第五节

碑门殿踏道

修缮说明

碑门殿前南北两侧踏道琉璃筒瓦瓦脊夹垄灰脱落，琉璃兀脊砖灰缝脱落，杂草丛生。踏道墙面饰红空鼓、脱落。

根据图纸方案对踏道进行瓦脊、兀脊砖及墙面饰红进行整修，局部脱落瓦件进行重新瓦瓦及捉节夹垄，补配缺失及破损的兀脊砖，铲除空鼓、脱落的饰红墙面，对需整修的墙面重新抹靠骨灰、刷红土子浆。

一、瓦脊、兀脊砖施工

1. 瓦脊及兀脊砖整修用 4 ∶ 6 掺泥灰（同泥背），以白灰∶青灰∶麻刀（100 ∶ 30 ∶ 5）麻刀青灰扎缝，白灰∶红土∶麻刀（100 ∶ 30 ∶ 5）掺麻刀红灰捉节夹垄。

2. 正脊要平直，下口要坐灰，碰头灰要足，兀脊砖内背里严实，上口抹严要光要平。脊件各接缝处用 100 ∶ 30 ∶ 5 麻刀灰打点严实，要求平整光洁。瓦脊、兀脊砖补配完后，保证表面干净。整个抄手游廊整修完成后进行清扫冲垄，使瓦脊及兀脊面干净整洁。

3. 瓦脊与兀脊砖交接部位，必须严实，无裂缝、泛水适度。脊部必须做到安装位置正稳，脊前后坡兀脊砖必须撞严，脊筒座中，兀脊砖必须平整一致，麻刀灰瓦片分层填实，上口必须用麻刀灰苫小背。

二、墙面饰红

旧灰皮清除干净，用清水淋湿墙面，下竹钉拴麻揪，间距行距均为 250 毫米，上下相错排列，麻要拉成网状，然后先用大麻刀红灰打底，用麻刀红灰罩面，总厚度与原墙面灰一致，刷浆压活，用小轧子反复赶轧出亮。

1. 铲除原墙面灰裂缝、臌闪和脱落部位：用瓦刀、小斧子等工具将损坏部位旧灰皮砍除干净，基本砍除干净后，可适当淋水洇湿墙面后，再仔细铲除清理一遍，使墙面干净无旧灰痕迹，如有旧麻揪，将其清除，重新钉麻揪。注意砍除旧灰皮时，要在保留的抹灰处留好坡口茬子，茬子要基本规整、顺畅。同时做好文物的防护。

2. 墙面找补靠骨灰

（1）挂线找规矩，确定抹灰厚度，可在适当部位贴打底灰厚度的"膏药"，利于墙面的平整。

（2）基层处理干净、用扫帚将墙面清扫一遍，铲除掉粘上或多余的泥灰。

（3）钉麻：竹钉（可用木钉）长 100 毫米，线麻长 250 ~ 300 毫米左右，将麻拴在竹钉上钉入墙面砖缝内，竹钉间距 500 毫米，每行间距 500 毫米，且上、下排钉之间相互错开排列呈梅花状。

（4）打底子：先用清水将墙面淋湿、洇透。铁抹子将大麻刀灰用力抹在墙面上，随抹随把钉好的麻分散铺开，并揉入灰中。这道底灰以基本找平，使麻与灰充分容为一体，不压光。待第一道底灰七成干左右时，再抹第二道底灰。二道底灰要比第一道底灰薄些，要压实，不要光。二道底灰抹完后，墙面应平整、直顺，稍干后可用木抹子将墙面轻轻赶毛，两层打底灰厚度应控制在2厘米以内。

（5）罩面：底灰干至七成左右时，用铁抹子抹上面层小麻刀灰，因为有刷浆要求，所以应先刷一道浆，然后用木抹子搓平，再用铁抹子赶轧。赶轧应把抹子放平，要根据灰的软硬程度，掌握好赶轧时间。这层灰要平，厚度控制在5毫米左右，室内罩面使用小麻刀煮浆灰。

（6）赶轧、刷色浆：罩面灰全部抹完后，按抹灰工作量组织人力轧活。轧活用小轧子横向赶轧，做到"三浆三轧"。待墙面干燥后，刷红土浆一道，赶轧罩面灰三道，逐道刷红土浆，最后以二道红土浆蒙头。

①刷底浆：底浆可稍稠一些，以免刷后流淌。操作时用刷子或排笔横向涂刷，注意涂刷要均匀一致，晾干后找补腻子磨平。

②刷二、三遍浆：二、三遍浆应从上往下竖向涂刷，操作时要轻、快，接头处不得重叠，以保证深浅均匀，厚度一致，不带刷痕刷毛。二、三遍浆宜稍稀，每遍涂刷宜一气呵成。干后如不均匀，可再找补一次腻子，打磨后再刷一道。

③刷边线：需刷边拉线者，按设计要求弹出粉线，最后按线刷出。

踏道维修

5-1 原 状

5-2 拆 卸

5-3 石构件归安

5-4 补砌女儿墙

5-5 兀背砖归安

5-6 墙帽归安

5-7 打点勾缝

5-8 勾 缝

5-9 清 理

5-10 麻刀灰找平、饰红

5-11 饰红完工

第六节

附 录

新型建筑材料在文物修缮中的合理利用

修兆雨

普乐寺旭光阁屋顶瓦面修缮难度非常大。据当地文保所工作人员介绍，每到雨季屋内漏雨，可是找不到漏点。我方了解到这一情况，根据对室内的现场勘查，初步判断漏点应该在建筑最顶部。搭设好脚手架后进一步勘查，发现宝顶琉璃莲花座严重开裂。铜宝顶上有大小孔洞21个分布在各个方向，其中顶部有4个，最大直径有2厘米，根据这一现状我施工方及时反馈给现场甲方代表、监理代表、设计代表。在设计方案漏项的前提下各方集思广益，最后拿出了合理可行的修缮方案，决定采取新老材料结合。方案如下：

一、铜宝顶修补

1. 铜宝顶上有21个大小孔洞分布在各个方向，其中宝顶顶部有4个孔洞在莲花座南侧和西南侧。正上面有两个直径超过2厘米左右的大孔洞，连雨天此处及宝顶顶部孔洞会是进水的主要漏点。

2. 宝顶的孔洞采用定制的铜铆钉进行修补，然后用与宝顶相同材料的铜板，用冷粘结法对铜鎏金宝顶进行粘补。

二、琉璃莲花座修补

将原松散灰缝清除干净，打水茬。采用现代新型高分子防水材料，以下简称（堵漏灵），将琉璃莲花座缝隙粘实堵严，不要填满。做抗渗淋水试验后，对宝顶座的缝隙处用传统的的小麻刀油灰打点，赶轧密实，并做出泛水。

以上做法不但解决了屋面漏水的难题，同时也不失文物建筑的原貌，并得到了各方的好评。随后经6年的跟踪观察，未发现漏雨情况。

随着生产材料的发展，经验的积累和技术的进步，人类在不同的时代都应对相应的生产材料加以完整的合理利用。

新材料在文物修缮中的介入与应用

张建超

"修缮修缮，拆开来看。"在传统古建筑，尤其是年代久远的国宝级文物，的修缮过程中，经常会出现文物本体的实际状况与最初的修缮方案不相符。这就需要施工单位在具体的施工过程中要时刻本着对文物负责的态度，发现问题及时同甲方、监理单位、设计单位进行沟通，针对施工中与原方案不符的重点、难点制定更优化的文物修缮方案。而在整个方案优化的过程中，就可以将新材料合理的介入和应用，以达到更好的保护修缮效果。

在 2012 年普乐寺的综合修缮施工过程中，阇城二层条砖地面下夯土垫层开裂严重，尤其是纵向开裂局部可达 1.8 米深。施工单位按照原修缮方案用传统的桃花浆进行灌缝施工，在施工过程中发现浆料无法流入到裂缝底部，这就造成夯土垫层开裂缝无法灌实，从而也就不能令开裂的部分通过灌注桃花浆重新结合成一体，无法彻底解决地面渗水问题。

针对该问题，施工单位首先从解决传统灌浆无法流入深度裂缝底部这一问题入手，结合现代砼的配制增加其和易性（包括流动性，黏聚性和保水性）的方法。尝试着在传统的桃花浆料配比中加入粉煤灰及木质素减水剂，其中，加入粉煤灰可以增加浆料的流动性，加入木质素减水剂可提升浆料的保水性、黏聚性及凝固后的强度。并从施工现场取回部分旧的夯土块，模拟现场开裂原状（尤其是纵向深度）进行码砌，然后用掺入新材料的灌浆料进行分组对比实验。经过多组多次实验后，调整新材料的掺入比例，成功解决了传统浆料不能将原夯土垫层深处裂缝彻底灌实，进而重新结合成一体的问题。

在后续的防水施工中，施工单位对其基层涂刷三遍高强聚氨酯防水涂料，在满足整个阇城二层地面防水功能基础上，还可以令整个防水层形成一个有韧性，有弹性并且优于传统刚性防水的坚实系统。这样就可以在文物本体冻融过程中更好地起到防水渗入的作用，所以在传统的文物保护修缮过程中，合理的介入和应用新材料是必要并且值得推广的。

旭光阁藏密欢喜佛

　　旭光阁内须弥座上置国内最大的立体曼陀罗，由37块木料组合而成，象征释迦牟尼37种学问。曼陀罗上供双身立姿欢喜佛铜像，呈男女拥抱交欢状。男像胜乐王佛是大日如来的法身像，三面十二臂，正面直对磬锤峰，代表智慧；女像明妃，即佛母罗浪杂娃，一面双臂，代表禅定。此是藏传佛教密宗最高修炼形式，也是藏密五部金刚大法本尊之一。这种造像就是人们常说的欢喜金刚或欢喜佛。佛教禁欲，而欢喜佛又该作何种解释呢？其实，它是密宗的一种修炼方法。严格地说，欢喜佛应称为"阴阳佛"，其形象本身的外表特征与所要表现的真实意图相悖，许多形象又荒诞难晓，容易使人产生误解。佛教本身是一种禁欲主义的宗教，究其本意是通过男女形象，宣扬阴阳调和、消灾辟邪的佛法威力，并非为了宣扬男女之事。对欢喜佛形象，凡人看成男女二身，密宗行者自己视为一本，这与中国传统的阴阳调和之说也是相合的。而最妙的是普乐寺的选址，不仅体现了阴阳调和的说法，更是人天皈依佛法的体现。

旭光阁立体曼陀罗

欢喜佛（2012 年 5 月 15 日拍摄）

欢喜佛（2012 年 5 月 15 日拍摄）

棒槌山上一蒙桑

承德棒槌山有一种非常奇妙的植物，就是一株蒙桑。蒙桑实为小乔木或灌木。这株蒙桑生长在棒槌山距山脚"基座"18米高的方，也就是峰的半腰上。据史料记载此蒙桑有300年以上树龄了，其高度约有3米左右，胸径约30多厘米。其树结白色桑葚，又肥又大。

300年来，石峰、蒙桑相依为伴，蒙桑赖石峰生存，石峰因蒙桑生趣。这株蒙桑很有特点，它不是直挺地生长，而是歪歪斜斜的长在半山腰上，晃晃悠悠，貌似要悬掉下落。峰上都是岩石，缺土又缺水，而能活几百年，且苍劲挺拔、枝叶茂密，让人惊叹之顽强生命！

天王殿"一统天下"

　　此殿天花板为贴金团龙，横枋上绘有"一统天下"，即在彩框枋芯中画一横条黑线，象征皇帝以万乘之尊，一统天下。这种彩饰也是有别于其他寺庙的。

横枋"一统天下"

河北承德普乐寺保护修缮工程等获全国十佳

由国家文物局指导、中国古迹遗址保护协会等单位主办的第二届（2014年度）"全国十佳文物保护工程"评选结果6日在京揭晓。河北承德普乐寺等项目获评。

获2014年度"全国十佳文物保护工程"的是：河北承德普乐寺保护修缮工程，山西省太原市窦大夫祠保护工程，辽宁锦州广济寺古建筑群维修工程，黑龙江中东铁路建筑群横道河子机车库及东正教圣母进堂教堂抢救保护工程，江苏南京国民政府主席官邸旧址修缮工程，湖南永顺县老司城遗址文物本体保护工程，四川茶马古道观音阁灾后抢险维修工程，云南曹溪寺宝华阁修缮工程，甘肃武山水帘洞石窟群壁画、彩塑及浮雕保护修复工程和青海玉树达那寺建筑抢险修缮工程。

国家文物局副局长童明康在推介终评会上说，"保什么、怎么保"是当前文物保护领域存在的突出问题。要秉持正确的文物保护理念，最大限度地保留文物承载的历史信息，让文物"益寿延年"。此外，文物保护还要以合理利用为导向，使文物修缮一步到位，使文物活出当代的精彩，融入社会大众。

"全国十佳文物保护工程"是国家文物局指导开展的一项重点工作，旨在加强文物保护工作导向，全面促进和提升文物保护工程水平，并向社会各界汇报一年来我国文物保护工程的最新成果。该活动自去年启动以来，至今已成功举办两届。（记者姜潇）

中国日报网（北京）2015.11.10 07:35:17

开工大典

第二章

殊像寺基址保护及会乘殿修缮

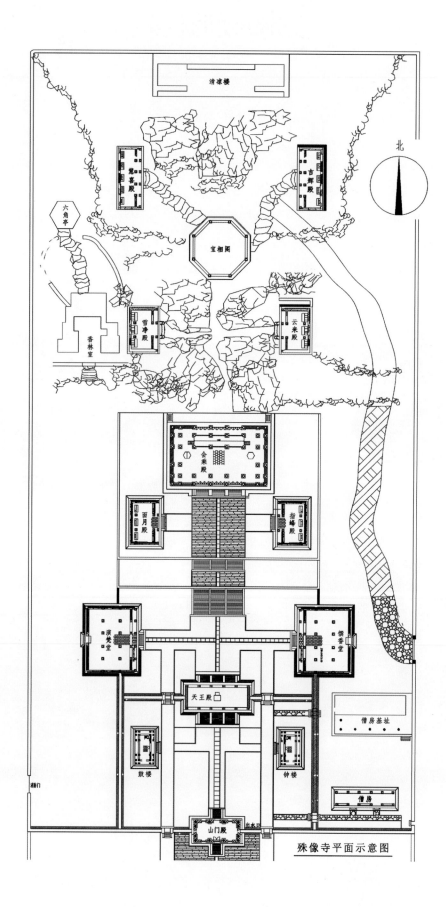

清凉楼

楚芸殿

吉辉殿

六角亭

宝相阁

北

香林室

雪净殿

云来殿

会乘殿

面月殿

指峰殿

演梵堂

馔香堂

天王殿

僧房基址

鼓楼

钟楼

僧房

漱琼门

出水口

山门殿

殊像寺平面示意图

殊像寺概述

　　殊像寺是避暑山庄周围的"外八庙"之一，位于承德市西北部，与普陀宗乘之庙并列于路北，位于普陀宗乘之庙以西。寺庙坐北朝南，面向避暑山庄狮子沟，寺院由南至北地势逐渐增高，有靠山临水的优越地势。殊像寺1982年被河北省人民政府公布为省级文物保护单位，1988年被国务院公布为全国重点文物保护单位。

　　殊像寺建于乾隆三十九年（1774），是一座典型汉式寺庙。东西宽115米，南北长200米，占地面积2.3万平方米。采用庭园布局方法，大规模叠砌假山，散植松树，创造了寺庙园林的独特风格。

　　乾隆二十六年（1761），弘历陪皇太后到山西五台山文殊菩萨道场殊像寺进香，见文殊妙相庄严，令人起敬，"默识其像而归"。释迦佛经中有"东方主尊菩萨是文殊，有时现比丘像，有时现国王像"预言。由于"满洲"和"文（曼）殊"音近，所以清初达赖向皇帝上奏时，称清帝为"曼殊师利大皇帝"。又因清廷有乾隆皇帝出生于承德狮子园传言，进而有人就附会说乾隆皇帝是文殊菩萨转世。回到京师，太后就令人按五台山文殊模样雕刻石像供于香山宝相寺。乾隆三十九年（1774），弘历特命内务府仿山西五台山殊像寺规制，按香山宝相寺文殊相貌在承德修建此庙。殊像寺由满族喇嘛负责管理，殊像寺的主要建筑群在一年之内竣工。根据第一历史档案馆的记录，完工后至嘉庆二十五年（1820）的四十年间均有小范围的修葺，没有增建新的建筑，嘉庆十年（1805）维修会乘殿椽望、墙体；拆修山门；揭瓦天王殿及东西配殿瓦顶。嘉庆十一年（1806）补砌围墙一段，长四丈一尺（合13.7米）。嘉庆二十四年（1819）揭瓦僧房瓦顶。1934年，两名日本学者对殊像寺现状进行拍照和描述。1950年，承德市古建队对殊像寺进行普查和现状勘测。2002年，承德市文物局与美国盖蒂保护所合作，对寺庙内的基址进行概念性设计。2003年，香林室、倚云楼、六角亭、清凉楼建筑基址清理。2004年，将清理后的建筑基址保护性回填。

　　殊像寺山门前列石狮一对，山门面南，内立护法神哼哈二将。入院内左右为钟鼓楼，山门正北为天王殿，殿两侧置腰墙，界以一进院落，腰墙辟腰门与二进院相通。天王殿北两侧为东、西配殿，东殿名馔香堂，俗称斋堂；西殿名演梵堂，俗称经堂。天王殿正北地势增高，上35级大石阶可登达月台。月台北起主殿会乘殿，面阔7间，进深5间，重檐黄琉璃瓦歇山顶，上檐施七踩单翘重昂斗拱，下檐施五踩单翘单昂斗拱，殿宇气势十分宏伟。该殿是喇嘛念经、供佛的地方。殿内供奉主尊文殊菩萨（骑狮），两侧有普贤（骑象），观音（骑犼）。殿内两侧各置一座三层重檐高两丈余八角形楠木万寿塔佛龛。佛龛内，原置鎏金铜佛像，已全部被军阀盗卖。左右壁面原有经棚，内置满文藏经。殿前东、西两侧有配殿，东为指峰殿，西为面月殿。会乘殿北，顺势置假山，垒石穿洞，潜岩渡桥，沟壑纵横，曲径幽深。假山如朵朵祥云，载运一座高阁，名宝相阁，毁于民国时期，于

2003年按原制修复，重檐八角，绿琉璃剪边黄琉璃瓦顶。阁内石制须弥座上有高11.6米的木雕文殊菩萨骑狮像，传说是按乾隆皇帝容貌塑造。宝相阁前东、西有配殿，东为云来殿，西为雪净殿。登上阁后第二层假山，正北有清凉楼，重檐，面阔九间。楼前两侧有配殿，东为吉辉殿，西名慧喜殿。慧喜殿西有六角亭，亭南有一处小型园林；正中为香林室，东有方亭，西有倚云楼，是乾隆皇帝休息之所。建筑布局精巧，松云掩映，是园林和殿宇结合的良好范例，现已仅存基址。

一、基址介绍

1. 天王殿基址

是中轴线上的第二座建筑，现只剩基址，从现存的平面布局和1933年照片看，天王殿面阔五间，进深一间，歇山顶式建筑，建筑面积为174.75平方米。前后檐为罗汉板，明、次间为券门，梢间为券形隔扇窗，两山为墙体。前后檐明次间为礓磋坡道石，台明毛石砌筑，四周阶条石压面，台明四周为卵石散水，宽650毫米，外栽90毫米厚砖牙。室内条石地面，两梢间存有毛石砌筑的佛台，中间有石质须弥座。东西山墙以腰线石为界，下碱毛石砌筑，青灰勾缝，上身毛石砌筑，麻刀灰打底，外饰红灰，内饰黄灰。

2. 馔香堂基址

位于二进院东侧，清代建筑基址，坐东朝西，面阔五间，进深三间，前出廊。从现状看，前檐明、次间原施隔扇。梢间施槛窗，后檐明间原施板门，其余各间及两山用块石下碱墙围护，建筑面积311.85平方米，现残留柱础和下碱槛墙；下碱角部和前檐槛墙内外均为陡板石砌筑，两山和后檐外侧毛石砌筑成虎皮石下碱，内侧陡板石下碱，现墙内填塞水泥、白灰等混合物。

会乘殿

会乘殿内供佛

天王殿基址

地面 400×400×70 毫米方砖铺墁。前檐和两山前半部为卵石散水，宽 650 毫米，外栽 90 毫米厚砖牙。

3. 演梵堂基址

位于二进院西侧与馔香堂基址对称布置，清代建筑基址，坐西朝东，面阔五间，进深三间，前出廊，从现状看前檐明、次间原施隔扇、梢间施槛窗，后檐明间原施板门，其余各间及两山用陡板石下碱墙围护，建筑面积 317.34 平方米，现残留柱础和下碱槛墙；下碱角部和前檐槛墙内外均为陡板石砌筑，两山和后檐外侧毛石砌筑成虎皮石下碱，内侧陡板石下碱，现墙内填塞水泥、白灰等混合物。地面 400×400×70 毫米方砖铺墁。前檐和两山前半部为卵石散水，宽 650 毫米，外栽 90 毫米厚砖牙。

4. 指峰殿基址

位于三进院东侧，清代建筑基址，坐东朝西，面阔三间，进深二间，前出廊。从现状看，前檐明间原施隔扇，次间施槛窗，两山及后檐用墙体围护，建筑面积 132.34 平方米。现殿内残留柱础和下碱槛墙，殿内尚存三个石质佛座。下碱角部和前檐槛墙内外均为陡板石砌筑，两山和后檐外侧毛石砌筑成虎皮石下碱，内侧陡板石下碱，现墙内填塞白灰等混合物。散水用片石铺墁，宽 800 毫米，外栽 150 毫米厚石牙子。

5. 面月殿基址

位于三进院西侧，与指峰殿基址对称布置，清代建筑基址，坐西朝东，面阔三间，进深二间，前出廊。从现状看，前檐明间原施隔扇，次间施槛窗，两山及后檐用墙体围护，建筑面积 131.24 平方米。现殿内残留柱础和下碱槛墙，殿内尚存三个石质佛座。下碱角部和前檐槛墙内外均为陡板石砌筑，两山和后檐外侧为毛石砌筑成虎皮石下碱，内侧为陡板石下碱，墙内填塞白灰等混合物。散水采用片石铺墁，宽 800 毫米，外栽 150 毫米厚石牙子。

馔香堂基址

演梵堂基址

指峰殿基址

面月殿基址

6. 云来殿基址

位于四进院东侧，分居于堆积假山的东侧，坐东朝西，面阔三间，进深二间，前出廊。从现状看前檐明间原施隔扇，次间施槛窗，两山及后檐用墙体围护，建筑面积 130.76 平方米，现殿内残留柱础和下碱槛墙，殿内尚存三个佛座。下碱四角施角柱石，外侧毛石砌筑成虎皮石下碱，内侧陡板石下碱，以腰线石为界，上身毛石砌筑，外抹红灰，内抹黄灰。

云来殿基址

7. 雪净殿基址

位于四进院西侧，分居于堆积假山的西侧与云来殿对称，坐西朝东，面阔三间，进深二间，前出廊。从现状看，前檐明间原施隔扇，次间施槛窗，两山及后檐用墙体围护，建筑面积 130.19 平方米，现殿内残留柱础和下碱槛墙，殿内尚存三个佛座。下碱四角施角柱石，外侧毛石砌筑成虎皮石下碱，内侧陡板石下碱，以腰线石为界上身条砖砌筑麻刀灰打底，外抹白灰，内抹黄灰。

雪净殿基址

8. 吉辉殿基址

位于五进院东侧，坐东朝西，清代建筑基址，面阔五间，进深一间，前出廊。从现状看，前檐明、次间原施隔扇，梢间施槛窗，两山及后檐用墙体围护，现殿内残留柱础和下碱槛墙，殿内尚存五个佛座。建筑面积 142.87 平方米。下碱四角施角柱石，外侧毛石砌筑成虎皮石下碱，内侧陡板石下碱，以腰线石为界，上身毛石砌筑，外抹红灰，内抹黄灰。

吉辉殿基址

9. 慧喜殿基址

位于五进院西侧，坐西朝东，与吉辉殿对称布置，清代建筑基址，面阔五间，进深一间，前出廊。从现状看，前檐明、次间原施隔扇，梢间施槛窗，两山及后檐用墙体围护，现殿内残留柱础和下碱槛墙，殿内尚存五个佛座。建筑面积 141.73 平方米。下碱四角施角柱石，外侧毛石砌筑成虎皮石下碱，内侧陡板石下碱，以腰线石为界，上身毛石砌筑，外抹红灰，内抹黄灰。

遗址台明及下碱毛石砌筑部位，用掺灰泥砌筑，外青灰勾缝；腰线石和陡板石为红砂岩，甬路片石和牙子石为鹦鹉岩，甬路御路石、条石、阶条石为红砂岩。

慧喜殿基址

10. 清凉楼基址

清凉楼基址

香林室基址

六角亭基址

院落地面

位于五进院落，是中轴线最后一座建筑基址，坐北朝南，清代建筑基址，面阔九间，进深二间，前出廊。建筑面积370平方米，2003年清理后，由于石材风化严重，当时就制定了回填方案，基址上干铺蛭石，白灰蛭石，素土夯填，2:8灰土。

11. 香林室基址

位于雪净殿西侧，是一组院落，前后有围墙，有院门，院墙下碱毛石砌筑，上身毛石砌筑外麻刀白灰罩面。2003年清理后，由于石材风化严重，当时就制定了回填方案，外用木板支护，基址上干铺蛭石，白灰蛭石，素土夯填，2:8灰土。

12. 六角亭基址

位于香林室后，为六角形亭子，2003年清理后，由于石材风化严重，当时就制定了回填方案，外用木板支护，基址上干铺蛭石，白灰蛭石，素土夯填，2:8灰土。

13. 东院僧房基址

位于东院现存僧房的后边，体量比现存南侧僧房大，上边已建办公用房，平面布局不详。

14. 院落及围墙

（1）院落

山门前广场南北长13.54米，宽25.22米，用条石横铺，两侧便门前甬路用片石铺墁，总宽4.39米，两侧牙子石宽0.16米。

一进院：山门和天王殿间甬路用御路石和片石铺墁，总宽4.72米，其中御路石铺墁宽1.22米，两侧片石铺墁1.75米。天王殿前甬路总宽13.12米。钟鼓楼之间甬路片石铺墁，宽2.3米。便门之间甬路片石铺墁，宽3.9米，两侧牙子石宽0.16米。钟鼓楼后围墙腰门间甬路片石铺墁，宽1.87米。天王殿和便门甬路间有3.5×6.21米鹅卵石铺墁地面，其余院落地面为土地面。

二进院：天王殿和会成殿月台前甬路用御路石和片石铺墁，总宽13.12米，其中御路石铺墁宽1.22米，两侧片石铺墁宽5.95米。会乘殿月台前甬路宽16.48米，其中御路石铺墁宽1.22米，两侧片石铺墁宽7.63米。通往演梵堂和馔香堂甬路用御路石和片石铺墁，总宽5.94米，其中御路石铺墁宽1.22米，两侧片石铺墁宽2.36米，便门甬路宽3.9米，铺至演梵堂和馔香堂间甬路。其余院落地面为土地面。

三进院在 5 米多的高台上，通往会成殿甬路用御路石和条石铺墁，第一层台明甬路总宽 15.38 米，其中御路石铺墁宽 1.22 米，两侧条石铺墁宽 7.08 米，月台其余地面用片石铺墁。第二层台明甬路总宽 15.64 米，其中御路石铺墁宽 1.22 米，两侧条石铺墁宽 7.21 米。指峰殿和西月殿间甬路用片石铺墁，宽 5 米。其余地面片石铺墁。一层高台南侧有低矮围墙，围墙高 1.15 米；一、二层高台每侧有四个出水嘴。

四进院地面高低不平，石块堆积假山地面。五进院现杂土堆放，地面被埋，推断为块石铺墁自然甬路。院落由南至北逐渐升高，三、四、五进院由北向南自然排水，二进院北端比南端高 0.225 米，二进院比一进院高 0.33 米。天王殿两侧围墙上有四个出水口，一进院北端比南端高 0.63m，山门两侧围墙上有四个出水口，院落雨水由出水口排出。东西侧里围墙南侧设出水口，东西跨院雨水由此排入内院，再从南围墙出水口排出。

东院：会乘殿以南为自然土地面，以北为石块堆积北高南低自然院落。

西院：会乘殿以南为自然土地面，以北为石块堆积，有香林室、方亭、倚云楼和六角亭，院落地势北高南低。

（2）围墙

寺院设内外围墙，内围墙分别设在东西两侧钟鼓楼后面 2.38 米处，院内天王殿两侧设腰墙和便门，院内围墙共 127 米，外围墙共 625 米，会乘殿以北围墙高度随地势而变。南围墙和院内围墙：下碱毛石砌筑，上身毛石砌筑外抹红灰，墙帽为筒板瓦屋面。东西围墙和北墙：下碱和上身均用毛石砌筑的虎皮墙，墙帽青灰抹面馒头顶。围墙毛石为鹦鹉岩和红砂岩两种石材。院内围墙和南围墙两侧均有鹅卵石散水，散水宽 0.48 米，外栽砖牙子。外围墙和北围墙两侧无散水。

二、残破现状：

1. 天王殿基址

地面基本完好，后檐东梢间阶条石下沉；台明虎皮石台帮勾缝灰脱落，台帮毛石局部松动、缺失，前檐东侧缺失 20%；后檐缺失 40%；西山缺失 30%，东山缺失 20%。台明四周鹅卵石散水大

院落地面

围墙

天王殿遗址

馔香堂遗址

演梵堂遗址

部分缺失。前后檐礓磋石酥碱严重，前檐3块砚窝石缺失，东路9块礓磋石磨损严重，两块移位；中路9块礓磋石磨损严重，3块移位；西路7块礓磋石磨损严重，3块移位。后檐1块砚窝石缺失，东路3块礓磋石磨损严重，1块移位；中路7块礓磋石磨损严重，2块移位；西路6块礓磋石磨损严重。西山墙保存完好；东山墙腰线石以上坍塌。前后檐木栈板墙无。两梢间佛台毛石砌筑局部松动，外抹灰脱落。

2. 馔香堂基址

台明北侧被土覆盖；后檐和两山台明外地面高低不平，杂土堆放。台帮为毛石灰泥砌筑，后用水泥勾缝。踏跺前檐基本完整，后檐踏跺缺失。前檐和两山前半部保留鹅卵石散水，局部缺失；后檐和两山后半部散水缺失。室内地面杂草丛生，局部保存原方砖地面，规格为400×400毫米，后维修时补配水泥方砖。墙体下碱位，前檐两梢间缺腰线石，南梢间外侧缺1块陡板石；北山墙廊步缺陡板石1块和外侧毛石砌筑下碱墙及其上腰线石；后门处陡板石歪闪严重。下碱外侧毛石砌筑部位用水泥勾缝。2003年维修时将下碱墙内填充水泥、砂子、白灰等混合物，并对腰线石上部用混合物封护。墙体上身无存。

3. 演梵堂基址

台明阶条石为条石，保存较完整，后檐有1块阶条石断裂，后檐和两山台明外地面高低不平，杂土堆放。台帮为毛石掺灰泥砌筑，后用水泥勾缝。前檐踏跺石缺失2块，其余轻度歪闪移位；后檐缺踏跺一步。前檐和两山前半部保留鹅卵石散水，局部缺失；后檐和两山后半部散水缺失。明间尚存两片砖地面，保存较好，方砖规格为400×400毫米。其余地面杂草丛生。墙体下碱处，下碱内侧缺失5块陡板石，大部分腰线石尚存，前檐两梢间腰线石缺失，墙中长草、内存水泥填料；北山面廊步1块陡板石移位。外侧虎皮石下碱用水泥勾缝；北山墙和后檐下碱外侧均有0.3平方米虎皮石松动。墙体上身无存。

4. 指峰殿基址

台明阶条石完整，虎皮石台帮后面采用水泥勾缝；南侧虎皮石台帮长2.5米，高0.45米，1.2平方米的毛石松动、缺失；北侧杂土堆放。佛座上缝隙内长草。踏跺构件保存完整，表层

163

风化磨损，两块踏跺石下沉、移位；两侧毛石砌筑的象眼缺失。台明四周散水片石铺墁，局部下沉和缺失20%。室内地面长草、墁地砖缺失。墙体下碱后檐各柱处陡板石毁坏，下碱墙缝隙内长草，后填塞水泥、白灰等混合物；前檐南次间缺4块陡板石（1.3×0.2×1.05米）；北次间两块陡板石移位；两山廊步缺两块腰线石（1.05×0.35×0.2米）。墙体上身无存。

指峰殿遗址

5. 面月殿基址

台明阶条石完整，虎皮石台帮后用水泥勾缝；南侧虎皮石台帮1.5×0.45米毛石缺失；北侧台帮1.5×0.4米毛石缺失；西侧虎皮石台帮0.5×0.2米毛石缺失；佛座上缝隙内长草。踏跺构件保存完整，表层风化磨损，1块踏跺石下沉，1块磨损严重。片石散水局部下沉，缺失30%。室内地面长草，墁地砖缺失。墙体下碱前檐南次间陡板石倒塌1块，缺失1块（1.23×0.18×1.07米），两块移位；北次间陡板石1块移位（1.19×0.18×1.08米）；两山廊步各缺1块腰线石，两山及后檐下碱墙缝隙内长草，原填充物白灰膏裸露。墙体上身无存。

6. 云来殿基址

台明前檐南阶条石移位；明间阶条石酥碱严重；后檐北半部和北山面台明被杂土覆盖；南山面和后檐台帮毛石掺灰泥砌筑，后用水泥砂浆勾缝。南须弥座完整，中间须弥座残毁，条石移位，缺失1块条石，北须弥座被土掩埋。云步踏跺缝隙长草，有的松动、移位，高低不平。散水处台明外四周为自然叠石堆积，缝隙内有杂草，部分石块松动。室内北部后建现代白灰熟化池，残余处地面杂草丛生，多处被淤土掩埋，杂土厚0.3～0.9米不等。墙体下碱处前檐南次间陡板石移位，缺失3块；北次间陡板石移位，缺失1块。南山面下碱墙仅存内侧石板，内侧有1块陡板石移位；外侧虎皮石下碱残存高度0.4米。后檐下碱墙内侧陡板石歪闪移位，外侧虎皮石下碱坍塌，石块散落，长10米，高1.2米，厚0.33米，面积12平方米；北山面被土掩埋。墙体上身后檐北次间残存毛石砌筑的上身墙一段，长约1.86米，高约1.84米，残毁严重，边缘部位毛石松动，有脱落危险。

面月殿遗址

7. 雪净殿基址

台基南侧和后檐条石包砌，白灰勾缝脱落。前檐阶条石1块移位，1块酥碱、断裂。南侧虎皮石台帮部分毛石松动、缺失，

云来殿遗址

雪净殿遗址

吉辉殿遗址

慧喜殿遗址

有坍塌危险；后檐虎皮石台帮勾缝灰脱落；北侧虎皮石台帮部分毛石松动、缺失。明间和南次间须弥座均有1块条石移位。踏跺采用叠石台阶，前与假山相连，局部用水泥粘接，部分缺失。台明四周为自然石堆积，缝隙内有杂草，部分石块松动。室内地面局部长草，大部被淤土掩埋。墙体下碱处两山及前檐仅存内侧陡板石，外侧虎皮石下碱残存部分墙体，北侧残高0.3～0.45米，南侧残高0.3～0.4米，厚0.45米，腰线石缺失；两次间陡板石外侧移位，后檐陡板石及腰线石保存较好，后檐缺失1块腰线石（2.22×0.28×0.2米），虎皮石下碱后用水泥砂浆勾缝。墙体上身后檐尚存两段砖砌体，残毁严重，局部抹灰尚存，南段残存墙体长2.76米，高2.7米，北段残存墙体长6.44米，高2.8米，边缘部位条砖松动，有脱落危险，内侧缺失（3.05×0.4×2.65米）的砖砌体。

8. 吉辉殿基址

大部分台明被掩埋，前檐阶条石毁坏严重，缺失两块阶条石；后檐虎皮石台帮毛石坍塌长7.6米，高2米。佛座被埋，条石松动、移位。踏跺自然叠石台阶缺失。散水处台明四周为自然石堆积，缝隙内有杂草，部分石块松动。室内地面被淤土杂草掩埋，杂土厚0.4～0.9米。墙体下碱处南山面裸露部分陡板石，仅存内侧陡板石，外侧虎皮石下碱毛石缺失（2.1×0.4×0.4米）；北侧虎皮石下碱墙被掩埋；后檐虎皮石下碱墙长1.5米，高0.8米，厚0.63米坍塌；前檐两梢间陡板石移位。墙体上身后檐尚存两段毛石残墙，内墙面局部抹灰尚存，墙体残毁严重，残墙长6.4米，高1.3～1.8米，边缘部位毛石松动，有脱落危险。

9. 慧喜殿基址

前檐和北侧台明被掩埋，前檐长2.8米阶条石缺失；后檐长0.8米阶条石缺失，长2.7米阶条石移位，北侧长0.9米阶条石缺失。南侧虎皮石台帮坍塌，长6.5米，高1米；后檐台帮南侧长3.5米，高1.1米坍塌，中部长0.5米，高0.4米，缺失；北侧长0.8米，高0.5米，坍塌。踏跺现杂土堆积，自然叠石踏跺部分缺失，部分移位。散水处台明四周为自然石材叠砌而成，石材内杂草丛生，排水不畅。室内地面被淤土、杂草掩埋。佛座部分被掩埋，佛座上长草，两块条石。墙体下碱处前檐北梢间槛墙尚存部分陡板石，南梢间存两块移位陡板石；后檐内侧陡板石残存，部分移位，外侧虎皮石下碱缺失长3米，高0.4米，厚0.45米；南侧下碱墙全部缺失；北侧内侧陡板石保留，外侧虎皮石下碱缺失两段，长0.9米和长1米，高0.8米；西北角柱石缺失，其上腰线石悬空，有掉落危险。墙体上身北山墙残存一段毛石墙体，长3米，高2.65米，墙体残毁严重，边缘部位毛石松动，有脱落危险。

清凉楼遗址

10. 清凉楼遗址

清凉楼于2003年进行清理，清理后下碱墙体和台明阶条石为鹦鹉岩，暴露在空气中风化特别严重，鉴于上述情况，制定夯土掩埋保护方案，现封土部分缺失，杂草丛生。

11. 香林室遗址

香林室于2003年进行清理，清理后台明阶条石为鹦鹉岩，暴露在空气中风化特别严重，鉴于上述情况，制定夯土掩埋，边坡外用木板支护保护方案，现外侧支护板歪闪、部分糟朽，封土坍塌、缺失，杂草丛生。前围墙残存西侧一部分长约6米，残高3米，东侧只剩墙基；后围墙只剩西侧9米左右，残高3米，东侧只剩墙基。

香林室遗址

12. 六角亭遗址

六角亭于2003年进行清理，清理后台明阶条石为鹦鹉岩，暴露在空气中风化特别严重，然后制定夯土掩埋、外用木板支护保护方案，现外侧支护板歪闪、部分糟朽，封土坍塌、缺失，杂草丛生。

13. 东院僧房基址

位于台明阶条石移位，台帮被埋，在原址上修建办公用房，已看不到原有的平面布局。

14. 院落及围墙

（1）院落

院落围墙外环境杂乱，东侧为居民，垃圾随处堆放，西侧为军营，北侧为山丘，南侧为道路和农田，道路南侧垃圾随处堆放。

山门前广场条石地面，部分磨损，10%磨损严重，9%移位，5%局部破损；广场面积小。两侧便门片石铺墁冰裂纹甬路，局

六角亭遗址

院落地面原状

院落地面原状

院落地面原状

部塌陷，50%缺失，牙子石缺失10.4米。

一进院：御路石和片石铺墁冰裂纹甬路，基本完好，冰裂纹甬路，后用水泥勾缝；后换水泥牙子65米，钟鼓楼后围墙腰门间片石铺墁冰裂纹甬路被杂土覆盖，20%缺失；卵石地面30%缺失，其他土地面种植草皮，地面略高。便门之间片石铺墁冰裂纹甬路磨损严重，局部塌陷，东侧50%缺失，西侧40%缺失。

二进院：天王殿至会乘殿御路石甬路局部磨损；两侧片石冰裂纹甬路凹凸不平，局部塌陷，破损严重，东侧40%缺失，西侧50%缺失。演梵堂至馔香堂甬路御路石甬路3块移位，两块酥碱严重，两侧片石冰裂纹甬路60%破损、缺失，10%移位、塌陷；牙子石酥碱严重18.65米；便门间片石甬路凹凸不平，局部塌陷，破损严重，东侧40%缺失，西侧30%缺失。其他土地面被杂土覆盖，地面高十甬路地面50～100毫米。

三进院：两级高台，一级高台南侧围护结构缺失，残存角部矮墙，月台阶条石松动、移位；月台条石铺墁甬路，6块磨损严重；两侧片石铺墁地面凹凸不平，30%缺失。月台前台阶东路13块台阶石磨损严重，垂带石缺失1块，移位1块；中路4块台阶石磨损严重，1块移位；西路5块台阶石磨损严重；砚窝石两块磨损严重。一级高台南侧和东西两侧台帮毛石砌筑，后水泥砂浆勾缝，毛石砌筑部位局部松动，面积1平方米；东侧勾缝灰脱落。出水嘴断裂3个，局部破损1个。

二级高台地面片石铺墁，通往会乘殿的甬路用条石铺墁，西侧8块条石磨损严重，牙子石2.3米磨损严重；东侧20块条石磨损严重，牙子石3.3米磨损严重。月台前台阶东路6块台阶石磨损严重；中路3块台阶石磨损严重；砚窝石两块磨损严重。西月殿至指峰殿之间甬路用片石铺墁，局部磨损，缺失15%；其余片石地面局部磨损，地面高低不平，30%片石缺失。二级高台南侧和东西两侧台帮毛石砌筑，勾缝灰脱落，南侧和东西侧台帮后半部毛石松动，面积3平方米。出水嘴断裂1个，局部破损1个。

四进院：假山堆积的院落杂草丛生，部分石块松动、错位。

五进院：高低不平，杂草丛生，杂土覆盖，已看不到原来院地面。

东院：会乘殿以南为自然土地面，院落地面高低不平，排水不畅，以北为石块堆积北高南低自然的院落，自然石地面杂草丛生，部分石块松动。

西院：会乘殿以南为自然土地面，院落地面杂土堆积，排水不畅，以北为石块堆积，有香林室和六角亭，院落地势北高南低，自然石地面杂草丛生，部分石块松动。

围墙出水口：南围墙紧靠山门两侧的出水口还在使用，另两个出水口已被泥土封堵，不能排水。天王殿腰墙紧靠天王殿两侧的出水口还在使用，另两个出水口已被泥土封堵，不能排水。东里围墙南侧出水口一半被土覆盖，排水不畅；西里围墙南侧出水口已被泥土封堵，不能排水。

（2）围墙

南围墙及院内东西院墙、天王殿两侧腰墙：南围墙下碱墙东侧长 2 米毛石砌筑部位松动，西侧长 4 米毛石砌筑部位松动，墙体上身抹灰受风雨浸蚀，局部脱落，瓦面基本完好；南围墙东侧便门两块阶条石磨损严重。东西里围墙下碱毛石砌筑部位勾缝灰脱落，毛石局部松动，上身抹灰受风雨浸蚀，局部脱落，瓦面基本完好。天王殿两侧腰墙下碱毛石砌筑部位勾缝灰脱落，毛石部分松动；演梵堂和馔香堂北侧至会乘殿月台围墙缺失，现台明处有围墙痕迹。围墙散水残损严重，南围墙两侧散水大部分缺失。

东围墙：后半部下碱有长 15 米毛石砌筑部位松动，墙体上身毛石砌筑水泥勾缝。

西围墙：墙体上身毛石砌筑水泥勾缝。

北围墙：下碱墙部位大部分毛石松动，墙体上身毛石砌筑水泥勾缝。

15. 配套设施

现办公室在原僧房旧址上后建平房，建筑外观和寺院不协调，条件较差。院落西南角厕所简陋。

毛石围墙

殊像寺基址

第一节　天王殿基址（残墙及基址封护、礓礤挖补）

修缮说明

　　天王殿是寺庙中轴线上的第二座建筑，现只剩基址。从现存的平面布局和 1933 年照片看，天王殿面阔五间，进深一间，属歇山式建筑，建筑面积 174.75 平方米。前后檐为木栈板墙体，明、次间为券门，梢间为券形隔扇窗，两山为墙体。前后檐明次间为礓磋坡道石，台明毛石砌筑，四周阶条石压面，台明四周为鹅卵石散水，宽 650 毫米，外栽 90 毫米厚砖牙。室内条石地面，两梢间存有毛石砌筑的佛台，中间有石质须弥座。东西山墙以腰线石为界，下碱毛石砌筑，青灰勾缝，上身毛石砌筑，麻刀灰打底，外饰红灰，内饰黄灰。

　　地面基本完好，后檐东梢间阶条石下沉；台明虎皮石台帮勾缝灰脱落，台帮毛石局部松动、缺失，前檐东侧缺失 20%；后檐缺失 40%；西山缺失 30%，东山缺失 20%。台明四周鹅卵石散水大部分缺失。前后檐礓磋石酥碱严重，前檐 3 块砚窝石缺失，东路 9 块礓磋石磨损严重，2 块移位；中路 9 块礓磋石磨损严重，3 块移位；西路 7 块礓磋石磨损严重，3 块移位。后檐 1 块砚窝石缺失，东路 3 块礓磋石磨损严重，1 块移位；中路 7 块礓磋石磨损严重，2 块移位；西路 6 块礓磋石磨损严重。西山墙保存完好；东山墙腰线石以上坍塌。前后檐木栈板墙无。两梢间佛台毛石砌筑局部松动，外抹灰脱落。

　　具体修缮方法如下：

　　西山墙原状保留，东山墙腰线石以上毛石砌体松动部位用掺灰泥和糯米浆稳固。清理残存墙体上浮土，用掺灰泥加糯米浆稳固墙体边缘部位松动的石块，保持墙体整体稳定，顶部和两侧面用白灰掺少量粘土、小麻刀和糯米浆制成的混合物勾缝，合理疏导顶部雨水，保持表面光滑、不存水。

　　上身内墙体抹灰原做法为靠骨灰、黄罩面灰。原墙靠骨灰修补，外刷黄土浆两道。其中靠骨灰：麻刀灰（灰：麻刀 = 100：4），用于墙体抹灰的底层。黄罩面灰：室内用灰膏，室外用泼灰，加水后加包金土色（深米黄色），再加麻刀。白灰：包金土：麻刀 = 100：5：4。

　　原礓磋石酥裂、凹陷残缺严重采取局部揭除、补配、重墁。首先做好原样记录，然后逐块用撬棍轻轻揭除。按原规格、原材料进行加工复制，分类码放、查清数量、尺寸，逐块登记。铺墁前清理旧垫层，残毁的按原制补做。垫层做好后，底部垫平，四角置小石块，留出灌浆口，然后进行安装。构件稳平后，先灌稀浆，再灌稠浆，每次灌注须待前次灌浆凝固后进行，为保证灌浆饱满用铁钎等插捣严实，石构件接缝处用油灰勾缝。石构件采用当地红砂岩，表面做细剁斧，补配的石材应与原石材材质和色泽一致，构件的规格尺寸必须与原构件尺寸相同，质量符合 CJJ39-1991 规范要求。

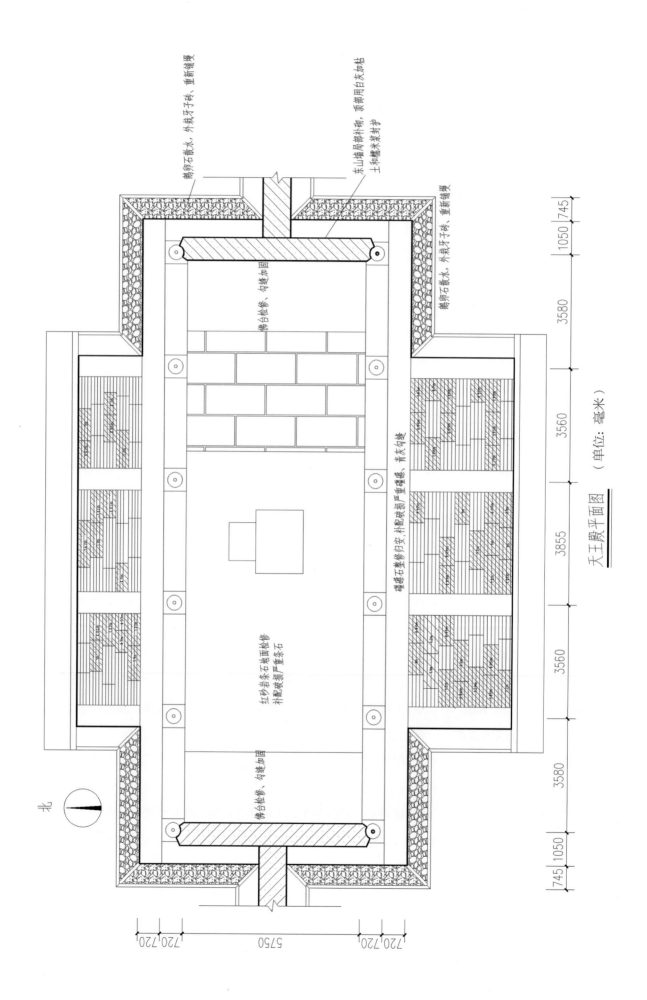

鹅卵石散水，外栽牙子砖，重新铺墁

东山墙局部补砌，顶部用白灰加粘土和糯米浆封护

鹅卵石散水，外栽牙子砖，重新铺墁

佛台检修、勾缝加固

阶条石磨修归安，补配破损严重条石，青灰勾缝

红砂岩条石地面检修，补配破损严重条石

佛台检修、勾缝加固

天王殿平面图 （单位：毫米）

北

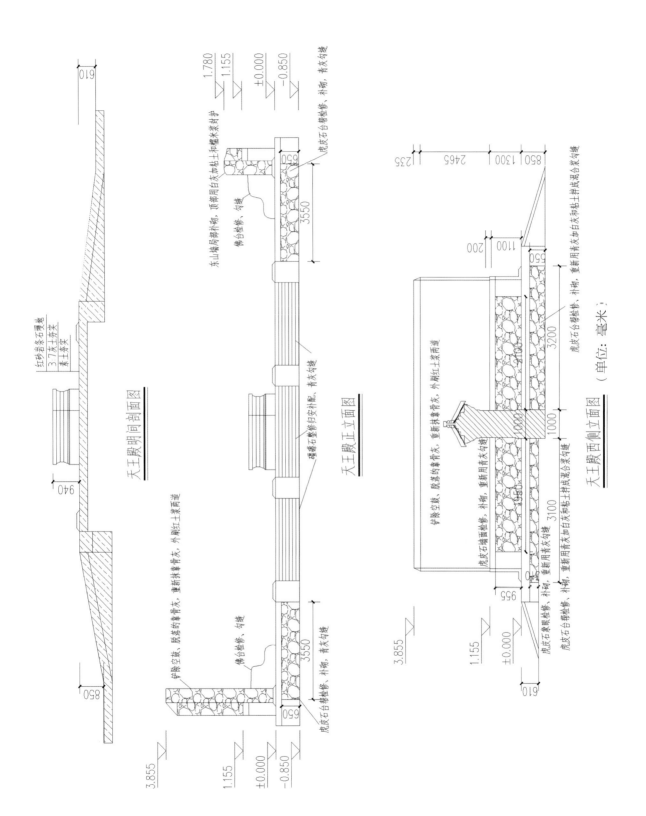

天王殿明间剖面图

天王殿正立面图

天王殿西侧立面图

（单位：毫米）

残墙及基址封护

1-1 西侧残墙原状

1-2 残墙原状

1-3 封护防雨

1-4 墙顶封护前清理

1-5 墙顶封护

1-6 基址清理

1-7 找 平

1-8 灰土垫层

1-9 灰土夯实

礓磋挖补

1-10 原 状

1-11 拆 除

1–12 检 查

1–13 铺灰土

1–14 灰土夯实

1–15 尺量检查

1–16 铺灰泥

1–17 坐灰浆

1–18 归安到位

1–19 添配石构件

第二节

高台石活（沟嘴、树池、条石地面、踏跺）

修缮说明

石活制安

一、石构件制作：

1. 选材：石料加工前应对石料仔细观察和敲击鉴定，不得使用有裂纹和隐残的石料，石料的纹理走向应符合构件的受力需要。

2. 加工：将荒料按石件部位要求确定石料可加工尺寸，按确定尺寸扎线，用尖錾按线将多余部分打掉，将石料较高的部分刺平。当凹凸程度不超过 4 毫米时，使用剁斧三遍成活。剁斧拿平拿稳，第一次左斜剁，第二次右斜剁，第三次垂直条石长边方向剁，每遍与斧迹能压过上边活为合格。

3. 加工质量要求：石料面要平整、棱要顺直、角要方正，条石两端面要留荒，待安装时按实际尺寸打截，好头面应提前加工。

二、灰土垫层施工：

1. 灰土施工时，适当控制含水量，工地检验方法是：用手将灰土紧握成团，两指轻捏即碎为宜。

2. 基土表面应将虚土、树叶、木屑、纸片清理干净。

3. 分层铺灰土：每层的灰土铺摊厚度为 10 ～ 150 毫米，用木耙找平。

4. 夯打密实：人工夯打不少于三遍，一夯压半夯。

5. 石活维修补配允许偏差：

截头放正：2 毫米　　　　　　　表面直顺：3 毫米

与相邻石活高差：2 毫米　　　　宽度：±3 毫米

厚度：±3 毫米　　　　　　　　长度：±5 毫米

三、石活打点勾缝：

当石活的灰缝酥碱脱落，或其他原因造成头缝空虚时，石活很容易产生移位。打点勾缝是防止冻融破坏和石活继续移位的有效措施。当石活移位不严重时，可直接进行勾缝，勾缝用"油灰勾抹"。如果石活移位较严重，打点勾缝可在归安和灌浆加固后进行。打点勾缝前应将松动的灰皮铲净，浮土扫净，必要时可用水涸湿。勾缝时应将灰缝塞实塞严，不可造成内部空虚。灰缝一般应与石活勾平，最后要打水槎子并扫净。

沟　嘴

2-1 红砂岩沟嘴原状

2-2 拆 除

2-3 沟嘴加工

2-4 搬 运

2-5 吊装调整

2-6 铺掺灰泥

2-7 找 平

2-8 完 工

树　池

2-9 树池原状

2-10 制 作

2-11 样 活

2-12 安装成活

2-13 灰土扫缝

2-14 完 工

条石地面

2-15 原 状

2-16 保护性挖除（最小干预）

2-17 保护性挖除（树根保留）

2-18 修 整

2-20 完 工

2-19 填灰夯实

踏 跺

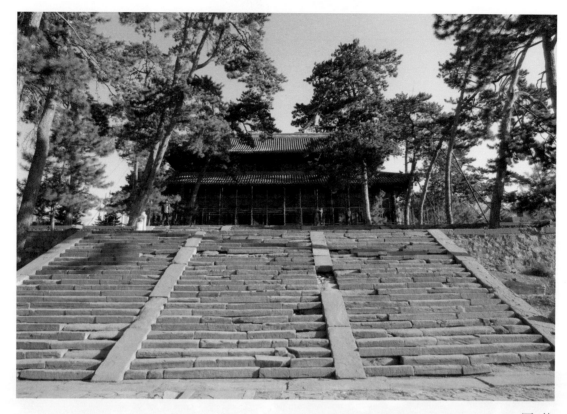

2-21 原 状

2-22 拆 除

2-23 垂带归安

2-24 垂带补配（准备）

2-25 垂带补配（倒运）

2-26 垂带补配（吊装）

2-27 垂带补配完工

2-28 踏跺石归安（灰土夯实）

2-29 踏跺石归安（浇浆）

2-30 踏跺石归安（石活就位）

2-31 踏跺石归安（找平找正）

2-32 踏跺石归安（油灰勾缝）

2-33 踏跺石归安（剁斧）

2-34 踏跺石归安（清理打点）

2-35 踏跺石归安（第一级完工）

2-36 踏跺石归安（第二级完工）

第三节

会乘殿（斗拱补配、山墙靠骨灰）

修缮说明

　　会乘殿是寺庙中轴线上由南至北的第三座建筑，建在毛石包砌的两层高台上，会乘殿坐落于高台北侧台基上，建筑形式为重檐歇山黄琉璃瓦顶建筑，施脊兽，檐下施斗拱。台前设矮墙围护，殿前两侧分别有面月殿和指峰殿两座建筑。

　　平面布置：面阔7间，进深5间，前后檐明、次间及前檐梢间、尽间檐柱间置装修；山面和后檐梢、尽间用墙体围护。室内减去前围金柱，室内空间扩大，后围金柱与金柱间设石质须弥座佛台，台上塑三大士像，后檐明、次间金柱间置木质壁板；两山尽间紧靠山墙处置藏经橱，两梢间中部置木质八角形三层佛塔。

　　台明、地面：台明前设三路六步垂带踏跺，后檐有月台，东西两侧设踏跺，台明毛石砌筑，外陡板石包砌，台明东西长30.55米，南北长19.25米。前后檐各间开间尺寸：明间4.85米，次间4.84米，梢间4.16米，尽间2.3米；山面各间开间尺寸：明间5.15米，南北次间3.22米，南北梢间2.3米。室内地面用640×680毫米方整石十字错缝顺铺，台明散水用不规则片石铺墁，外栽牙子石，散水宽1.09米，牙子石宽0.15米。

　　墙体：墙体周圈施腰线石，下碱用鹦鹉岩陡板石砌筑，高1.215米，墙厚0.985米；上身用青砖白灰掺黄泥砌筑，做靠骨灰，外抹饰红灰，室内抹饰包金土，周边画绿边，上身高3.25米，条砖规格450×210×85毫米、350×210×85毫米两种。

　　梁架结构：明、次间为前七架梁后双步梁用三柱（相当于九架梁），上置柁墩承托七架梁，下施随梁，七架梁上置柁墩承托五架梁，五架梁上置柁墩承托三架梁，三架梁上施角背、瓜柱；梢间为七架梁前后单步梁用四柱，梁架用材较大；步架分八步，檐部步架1940毫米，举架四九举，下金步1280毫米，举架五八举，上金步1290毫米，举架六七举，脊步1280毫米，举架八六举。山面歇山部位：在九架梁位置置顺趴梁，上承踩步金。柱头施平板枋承托斗拱，柱间施大额枋、小额枋及由额垫板联系构件，加强柱间的连接。室内井口天花，天花板上绘彩绘，上檐九架梁上置井口天花，下檐单步梁上置井口天花。檩部构件为檩、垫、枋三件；梁架、檩枋等木构件均绘和玺彩画。上檐明间中部额枋处悬挂"会乘殿"云龙斗子匾一块，用满、汉、藏、蒙四种文字书写。

　　檐下斗拱：下檐施单翘单昂五踩斗拱里转双翘五踩，斗口70毫米，单材100毫米，足材135毫米，前后檐明、次间置八攒平身科斗拱，梢间置六攒平身科斗拱，尽间置三攒平身科斗拱，山面明间置八攒平身科斗拱，南北次间置五攒平身科斗拱，梢间置三攒平身科斗拱。上檐施重昂五踩斗拱里转双翘五踩，斗口70毫米，单材95毫米，足材130毫米，斗拱布置与下檐相同。

装修：前檐明间中间两隔扇外设帘架，前后檐明、次间檐柱间置六扇五抹隔扇门，前檐稍间六扇槛窗，心屉为三交六碗菱花；隔扇上置横披窗。

椽望：桁条之上为圆椽，为斜搭掌钉法，檐椽直径150毫米，檐部施飞椽，飞椽为140×130毫米，椽上钉铺望板。下檐正面檐椽与飞椽：正身80根，翼角11根；山面檐椽与飞椽：正身40根，翼角11根；上檐正面檐椽与飞椽：正身64根，翼角13根；山面檐椽与飞椽：正身26根，翼角13根。

瓦顶：为歇山黄琉璃瓦顶，瓦件为五样琉璃瓦，正吻高1.75米，宽1.22米；正脊高0.71米，厚0.3米。下檐正面瓦垄：正身84垄，翼角14垄；山面瓦垄：正身49垄，翼角14垄；上檐正面瓦垄：正身80垄，翼角8垄；山面瓦垄：正身40垄，翼角8垄。

会乘殿斗栱补配：检修上、下檐斗栱，根据斗栱的残破情况制定如下修缮方案，分五种类型：

1. 对劈裂栱件处理：小于5毫米的裂缝用环氧树脂粘接加固，大于5毫米的裂缝，镶嵌木条，并用环氧树脂粘接。

下檐斗栱有：前檐东南角科斗栱，前檐东稍间⑦号斗栱，东次间⑧号斗栱，明间①②⑩号斗栱，西次间①④⑨号斗栱，西稍间⑦号斗栱，西尽间④号斗栱；西山面南稍间④号斗栱，北次间⑥号斗栱，北梢间④号斗栱；后檐西尽间④号斗栱，西梢间⑦号斗栱，西次间⑨号斗栱，东梢间⑦号斗栱，东尽间④号斗栱；东山面北梢间④号斗栱，北次间⑥号斗栱，南次间⑥斗栱。

上檐斗栱有：前檐东梢间⑤⑥号斗栱，东次间⑨号斗栱，明间⑨号斗栱，西梢间⑦号斗栱；西山面南次间⑥号斗栱，明间⑨号斗栱，北次间④⑤⑥号斗栱；后檐西梢间⑦号斗栱，西次间⑨号斗栱，明间②⑨号斗栱；东山面北次间①⑥号斗栱，明间⑥⑨号斗栱，南次间⑥号斗栱。

2. 小斗错位的处理：将错位的小斗归位。

下檐斗栱有：前檐东尽间5攒斗栱，东梢间①③④⑤⑥⑦号斗栱，东次间①②③④⑤⑥⑦⑧号斗栱，明间②③④⑤号斗栱，西次间②③⑤⑥⑦⑧⑨号斗栱，西梢间②③④⑤号斗栱，西尽间①②③④号斗栱；西山面南梢间③号斗栱，南次间②③号斗栱，明间②⑦号斗栱，北次间③④⑤⑥号斗栱，北梢间①②③④号斗栱；后檐西尽间①②③④号斗栱，西梢间②④⑤⑥⑦号斗栱，西次间②③④⑤⑧号斗栱，明间③⑥⑧号斗栱，东次间⑦号斗栱，东尽间②③号斗栱；东山面北梢间①②③号斗栱，北次间①号斗栱，明间①②⑤⑧号斗栱，南次间①③④⑤号斗栱，南梢间②号斗栱。

上檐斗栱有：前檐东梢间①②③⑤⑦号斗栱，东次间①④⑥⑦⑧⑨号斗栱，明间①②③④⑤⑥⑦⑧⑨号斗栱，西次间①②④⑤⑦⑨号斗栱，西梢间①②③④⑤⑦号斗栱；西山面南次间①②③④⑤⑥号斗栱，明间①②③⑤⑥⑦⑧⑨号斗栱，北次间①②③④⑤⑥号斗栱；后檐西梢间①⑤⑥⑦号斗栱，西次间②⑥⑦⑨号斗栱，明间②③⑤⑥⑦⑧号斗栱，东次间③⑦⑧⑨号斗栱；东山面北次间①②③④⑤⑥号斗栱，明间①②③④⑤⑥⑦⑧⑨号斗栱，南次间①②⑤号斗栱。

3. 小斗做法错误的处理：原状保留，检修。

下檐斗栱有：前檐东尽间②号斗栱，西梢间①号斗栱；西山面南次间④号斗栱；后檐东尽间④号斗栱；东山面北次间④号斗栱。

下檐斗拱有：前檐东尽间②号斗棋，西梢间①号斗棋；西山面南次间④号斗棋；后檐东尽间④号斗棋；东山面北次间④号斗棋。

上檐斗拱有：前檐东稍间①号斗棋，明间⑤⑥号斗棋，西梢间⑥⑦号斗棋。

4. 缺失小斗、棋件的处理：按现有的式样、规格补配。

下檐斗拱有：前檐东尽间①④⑤号斗棋，东梢间①④号斗棋，东次间⑦号斗棋，明间⑧号斗棋，西次间⑧号斗棋，西尽间③④号斗棋；西山面北次间③⑥号斗棋，北梢间③号斗棋；后檐西尽间③号斗棋，西次间⑤⑨号斗棋；东山面南次间⑤⑥号斗棋。

上檐斗拱有：前檐东梢间①②⑤号斗棋，明间⑥号斗棋，西次间③④⑥⑧⑨号斗棋，西梢间⑥号斗棋；西山面南次间①⑥号斗棋，明间③④号斗棋，北次间⑥号斗棋，后檐明间④⑦⑨号斗棋，东山面明间①⑦⑧⑨号斗棋。

5. 斗耳残破的处理：补配斗耳，然后用环氧树脂粘结。

下檐斗拱有：前檐东尽间②号斗棋，东梢间③号斗棋，明间⑧号斗棋，西次间①号斗棋，西梢间①号斗棋，西尽间①号斗棋；西山面南梢间②③④号斗棋，南次间①⑥号斗棋，明间③④号斗棋，北次间③④⑤号斗棋；后檐西梢间⑥号斗棋，西次间④号斗棋，东尽间④号斗棋；东山面北次间①⑥号斗棋，明间⑥⑨号斗棋。

上檐斗拱有：前檐东次间①③④⑤号斗棋，明间③号斗棋，西次间⑤⑥⑧号斗棋，西梢间①②斗拱；西山面南次间④⑤号斗棋，明间⑤号斗棋。

山墙罩面抹灰：上身外墙体抹灰原做法为靠骨灰（大麻刀灰）、小麻刀灰、红罩面灰，刷红土浆两道。上身内墙体抹灰原做法为靠骨灰（大麻刀灰）、黄罩面灰。原墙靠骨灰修补，外刷红土浆或黄土浆两道。

主要材料说明：

红土浆：头红土兑水搅拌成浆状后兑入江米汁和白矾水，头红土：江米：白矾＝100：7.5：5。

靠骨灰：麻刀灰（灰：麻刀＝100：4），用于墙体抹灰的底层。

红罩面灰：泼灰加水后加红土，再加麻刀，灰：麻刀＝100：4，灰：红土＝1：1。

黄罩面灰：室内用灰膏，室外用泼灰，加水后加包金土色（深米黄色），土黄：江米：白矾＝100：7.5：5，再加麻刀。白灰：包金土：麻刀＝100：5：4。

斗拱补配

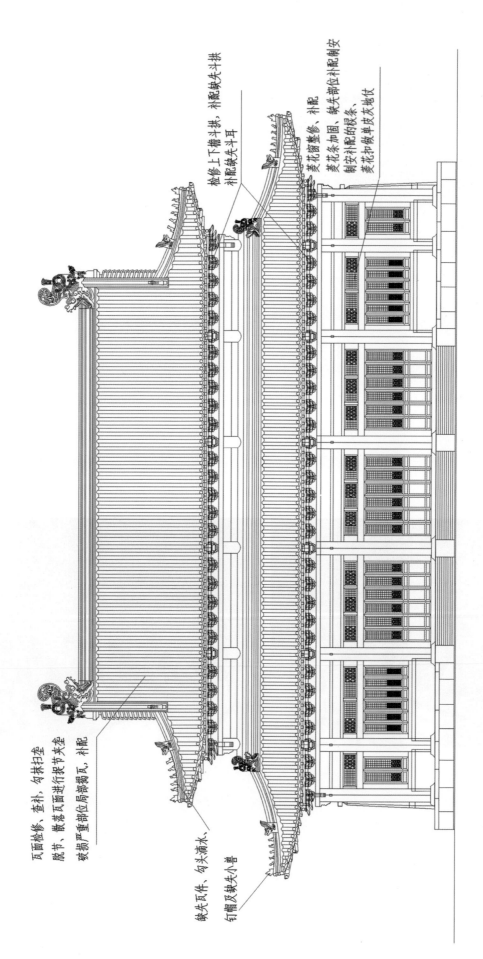

检修上下檐斗拱，补配缺失斗拱
补配缺失斗耳

菱花窗整修，补配
菱花条加固，缺失部位补配补安
制安补配的棂条，
菱花心做单皮灰灰仗

瓦面检修、查补、勾抹扫垄
脱节、散落瓦面进行接节夫垄
破损严重部位局部揭瓦，补配

缺失瓦件、勾头滴水、
钉帽及缺失小兽

合乘殿立面图

3-1 斗拱原状

3-2 斗拱原状

古建修缮纪录·承德卷

3-3 构件制作

3-4 草验

3-5 修理

3-6 安装

206

3-7 局部老件脱落

3-8 老件复位

3-9 草 验

3-10 修理、安装

3-11 补配完工

3-12 整体补配完工

山墙靠骨灰

3-13 原 状

3-14 清理、湿润

3-15 打 底

3-16 钉麻揪

3-17 找平、罩面

3-18 赶轧完成

3-19 拌制红土灰

3-20 抹红土灰

3-21 蒙头浆交活

第四节

指峰殿基址（陡板石下碱墙修补、室内地面、须弥座）

修缮说明

指峰殿是会乘殿的东配殿，坐东朝西，面阔三间，进深二间，前出廊。从现状看，前檐明间原施隔扇、次间施槛窗，两山及后檐用墙体围护，建筑面积132.34平方米。现殿内残留柱础和下碱槛墙，殿内尚存三个石质佛座。下碱角部和前檐槛墙内外均为陡板石砌筑，两山和后檐外侧毛石砌筑成虎皮石下碱，内侧陡板石下碱，现墙内填塞白灰等混合物。散水用片石铺墁，宽800毫米，外栽150毫米厚石牙子。

一、残破现状

台明阶条石完整，虎皮石台帮后用水泥勾缝；南侧虎皮石台帮长2.5米，高0.45米，1.2平方米的毛石松动、缺失；北侧杂土堆放。佛座上缝隙内长草。

踏跺构件保存完整，表层风化磨损，两块踏跺石下沉、移位；两侧毛石砌筑的象眼缺失。

台明四周散水片石铺墁，局部下沉和缺失20%。

室内地面长草、墁地砖缺失。

后檐各柱处陡板石毁坏，下碱墙缝隙内长草，后填塞水泥、白灰等混合物；前檐南次间缺4块陡板石（1.3×0.2×1.05米）；北次间两块陡板石移位；两山廊步缺两块腰线石（1.05×0.35×0.2米）。

墙体上身无存。

二、修缮方法

1. 台明、散水：检修台明阶条石；检修虎皮石台帮，用毛石补砌缺失部位，勾缝灰脱落部位用青灰加白灰和粘土拌合成混合浆补缝。清理佛座上杂草和尘土，检修佛座，将脱落的条石归位，补配缺失的条石，并用油灰勾缝。清理台明四周，用片石补墁缺失的散水；散水做法：原土夯实，3:7灰土一步，上铺片石。

2. 踏跺：将松动、移位的踏跺石归位，并用油灰勾缝；用毛石补砌象眼部位，外用青灰加白灰和粘土拌合成灰土浆勾缝。

3. 室内地面：清理地面杂草和尘土，揭取地面砖，清理下部土层，槛垫石和柱础原位不动，原土夯实，上铺2:8灰土一步，明间地面上皮标高为±0.000，两次间向明间找0.3%泛水，按原规格的方砖（400×400×70毫米）补配方砖，重新铺墁地面。

4. 墙体下碱：检修墙体下碱，补配前檐北次间缺失的陡板石，将前檐南次间歪闪的下碱陡板石归位。清理下碱墙缝隙内后填材料，用2:8灰土掺糯米浆填充，两山和后檐下碱墙表面用白灰掺少量粘土、小麻刀、糯米浆制成的混合物封护；前檐两次间下碱陡板石顶部坐灰泥，用条砖（420×210×90毫米）封压，边缘部位勾抹严实。检修下碱外侧虎皮石墙面，勾缝灰脱落部位用青灰加白灰和粘土拌合成混合浆补缝。

三、主要技术措施和做法说明

1. 地面做法：清理土地面，原土夯实，2:8灰土一步，用400×400×70毫米方砖，十字错缝顺铺。坐底灰用掺灰泥，泥上浇白灰浆，勾缝灰用油灰。

2. 下碱墙：指峰殿建筑下碱基本完整，缺失的腰线石补配、内侧陡板石归位；检修外侧虎皮石下碱墙面，用青灰加白灰和粘土拌合成混合浆勾缝。清理下碱缝隙内后填材料，清除填料时根据填料与陡板石的结合情况可采用人工扁铲剔凿方法，将填料清除，最后用人工清理干净，用2:8灰土掺糯米浆填充，顶部用白灰掺少量粘土、小麻刀、糯米浆制成的混合物封护，保持外表面不存水。

指峰殿基址

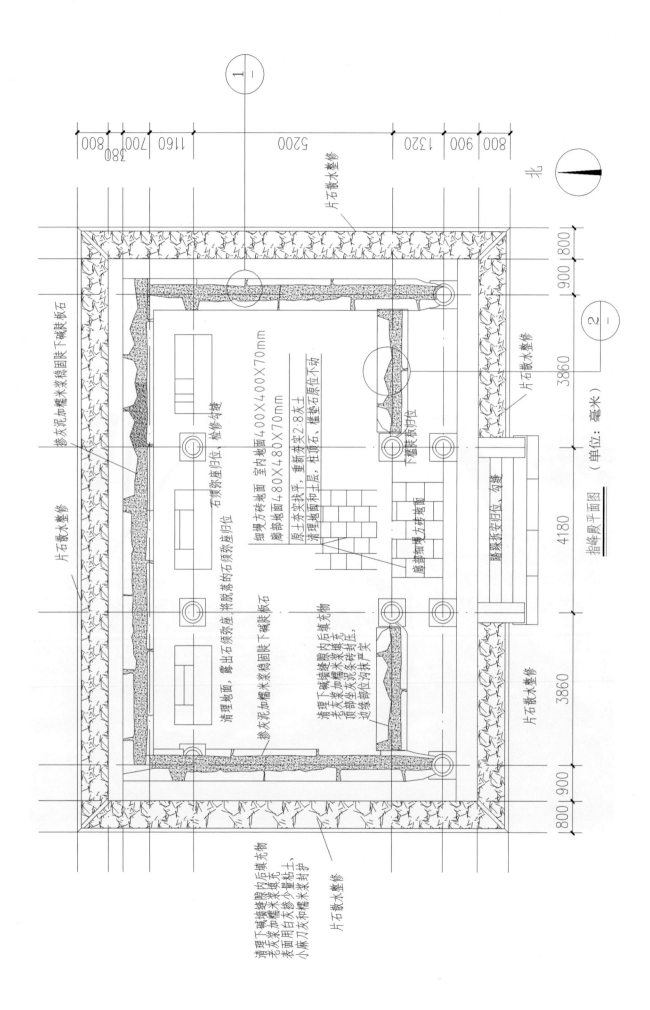

指峰殿平面图 （单位：毫米）

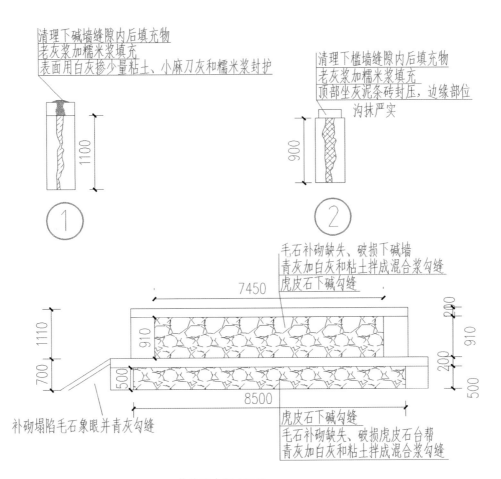

清理下碱墙缝隙内后填充物
老灰浆加糯米浆填充
表面用白灰掺少量粘土、小麻刀灰和糯米浆封护

清理下槛墙缝隙内后填充物
老灰浆加糯米浆填充
顶部坐灰泥条砖封压，边缘部位
沟抹严实

1100

900

①

②

毛石补砌缺失、破损下碱墙
青灰加白灰和粘土拌成混合浆勾缝
虎皮石下碱勾缝

7450

1110

700

910

500

200

910

500

200

8500

补砌塌陷毛石象眼并青灰勾缝

虎皮石下碱勾缝
毛石补砌缺失、破损虎皮石台帮
青灰加白灰和粘土拌成混合浆勾缝

指峰殿南侧立面图

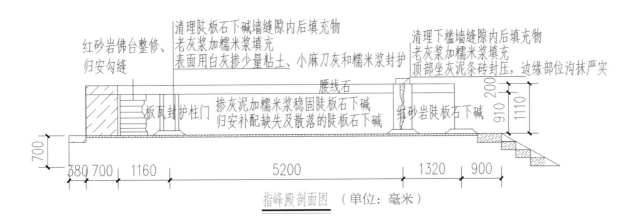

红砂岩佛台整修、
归安勾缝

清理陡板石下碱墙缝隙内后填充物
老灰浆加糯米浆填充
表面用白灰掺少量粘土、小麻刀灰和糯米浆封护

清理下槛墙缝隙内后填充物
老灰浆加糯米浆填充
顶部坐灰泥条砖封压，边缘部位沟抹严实

腰线石

板瓦封护柱门

掺灰泥加糯米浆稳固陡板石下碱
归安补配缺失及散落的陡板石下碱

红砂岩陡板石下碱

200
910
1110

红砂岩陡板石下碱

700

380 700 1160 5200 1320 900

指峰殿剖面图 （单位：毫米）

陡板石下碱墙修补

4-1 原 状

4-2 原状特写

4-3 清 理

4-4 补 配

4-5 补配完工

4-6 勾 缝

4-7 陡板石加固

4-8 灌生石灰浆

4-9 混合物封护

4-10 剔凿锔窝

4-11 安装铁锔

4-12 条砖封护

4-13 完 工

室内地面

4-14 原 状

4-15 地面清理

4-16 灰土夯实

4-17 冲、样趟

4-18 揭墁浇浆

4-19 上缝（打油灰）

4-20 铲齿缝

4-21 刹趟打点　　　　　　　　　　4-22 墁水钻生

4-23 完 工

须弥座

4-24 原 状

4-25 原 状

4-26 清理（树根、杂草）

4-27 拆除（原局部歪闪倾斜）

4-28 原状归安（填充碎石）

4-29 勾 缝

4-30 完 工

第五节　清凉楼基址（基址封护）

修缮说明

清凉楼位于五进院落,是寺庙中轴线最后一座建筑基址,坐北朝南,面阔九间,进深二间,前出廊。建筑面积370平方米,2003年清理后,由于石材风化严重,当时就制定了回填方案,基址上干铺蛭石,白灰蛭石,3:7素土夯填,2:8灰土夯实封护。

清凉楼于2003年进行清理,清理后,下碱墙体和台明阶条石为鹦鹉岩,暴露在空气中风化特别严重,鉴于上述情况,制定夯土掩埋保护方案,现封土部分缺失,杂草丛生。

修缮方法为清理封土上杂草,封土缺失部位培土、补夯。

清凉楼基址

5-1 原 状

5-3 木制护板加工

5-2 清 理

5-4 护板制作

5-5 护板安装

5-6 封土摊铺

5-7 夯实、完工

第六节　围墙（墙帽及下碱虎皮石墙）

修缮说明

殊像寺院设内、外围墙，内围墙分别设在东西两侧钟鼓楼后面 2.38 米处，院内天王殿两侧设腰墙和便门，院内围墙共 127 米；外围墙共 625 米，会乘殿以北围墙高度随地势而变。南围墙和院内围墙：下碱毛石砌筑，上身毛石砌筑外抹红灰，墙帽为筒瓦屋面。东西围墙和北墙：下碱和上身均用毛石砌筑的虎皮墙，墙帽青灰抹面馒头顶。围墙毛石为鹦鹉岩和红砂岩两种石材。院内围墙和南围墙两侧均有卵石散水，散水宽 0.48 米，外栽砖牙子；外围墙和北围墙两侧无散水。

南围墙及院内东西院墙、天王殿两侧腰墙：南围墙下碱墙东侧长 2 米毛石砌筑部位松动，西侧长 4 米毛石砌筑部位松动，墙体上身抹灰受风雨浸蚀，局部脱落，瓦面基本完好；南围墙东侧便门两块阶条石磨损严重。东西里围墙下碱毛石砌筑部位勾缝灰脱落，毛石局部松动，上身抹灰受风雨浸蚀，局部脱落，瓦面基本完好。天王殿两侧腰墙下碱毛石砌筑部位勾缝灰脱落，毛石部分松动；演梵堂和馔香堂北侧至会乘殿月台围墙缺失，现台明处有围墙痕迹。围墙散水残损严重，南围墙两侧散水大部分缺失。

东围墙：后半部下碱有长 15 米毛石砌筑部位松动，墙体上身毛石砌筑水泥勾缝。

西围墙：墙体上身毛石砌筑水泥勾缝。

北围墙：下碱墙部位大部分毛石松动，墙体上身毛石砌筑水泥勾缝。

修缮方法如下：

1. 南围墙及院内围墙、天王殿两侧腰墙补砌、加固松动的毛石下碱墙，墙体上身靠骨灰修补，抹罩面灰，外刷红土浆两道；补配南围墙东便门缺失的阶条石。演梵堂和馔香堂北侧围墙按现存院内围墙式样补砌，围墙长 5 米，厚 0.92 米，高 3.1 米。用卵石和条砖补墁围墙散水。

2. 东、西、北围墙东围墙南半段局部拆砌，其余部位围墙补砌，加固松动的毛石下碱墙，检修墙体上身抹灰和下碱勾缝，用青灰加白灰和粘土拌合成混合浆勾泥鳅缝。

（1）虎皮石台帮、下碱墙勾缝现勾缝灰及墙面毛石稳定的，勾缝灰原状保留，脱落的按原样勾缝，式样为泥鳅缝。未勾过缝的墙面，现墙面毛石松动或缺失，清理墙面，补砌毛石，然后用青灰掺少量白灰和粘土拌合成混合浆勾缝，勾缝灰和毛石腰线面相平，不凸出腰线。

（2）内外墙面抹灰和刷浆：上身外墙体抹灰原做法为靠骨灰（大麻刀灰）、小麻刀灰、红罩面灰，刷红土浆两道。上身内墙体抹灰原做法为靠骨灰（大麻刀灰）、黄罩面灰。原墙靠骨灰修补，外刷红土浆或黄土浆两道。

6-1 筒瓦墙帽原状　　　　　　　　　　　　　　6-2 瓦面清理

6-3 檐头揭瓦、勾抹夹垄　　　　　　　　　　　　6-4 完 工

6-5 虎皮石下碱墙原状

6-6 虎皮石间隙填充、掺灰泥打底

6-7 虎皮石间隙填充、掺灰泥打底

6-8 青灰勾缝

6-9 赶轧成活

6-10 完 工

第七节

院落地面（冰裂纹地面挖补）

7-1 原 状

7-2 拆 除

7-3 保护性拆除（保留古树树根）

7-4 保护性拆除(保留古树树根)

7-5 夯实、样活

7-6 铺灰坐浆

7-7 找 平

7-8 灰泥勾缝

7-9 找 补

7-10 清 理

7-11 完 工

第八节

附 录

古建修缮的思考

靳书阔

古建修缮是一个涉及面较广，是瓦、木、油、石各工种都涵盖的综合性修缮工程。通过修缮及现场所见，总结出古建修缮的一些心得体会：

第一，古建修缮因为具有不可逆性，所以非常注重资料的收集，包括施工文字资料及照片影像资料，采取施工前、中、后的照片同样角度拍摄，以便保留古建筑自身客观真实的历史信息。

第二，安全施工是任何工程施工都必须恪守的原则。首先是施工人员的人身安全，其次是在古建施工中确保文物建筑原有构件的安全，这一点尤为重要。在拆卸、修配、运输及安装过程中，要十分注意不要发生旧砖瓦、石构件的损坏事故。因为每一个原有旧构件都是古建筑的重要组成部分，每损坏一个构件，其价值就减少一分。

第三，古建修缮设计方案要与现场科学研究相结合。不是单纯以完成工程项目为目的，在施工中要随时注意收集、发现有用的研究资料。有时候根据设计勘察的方案进行施工会与现场实际情况不相符，这就需要及时做好洽商工作，以及进一步深入研究才能取得更好的修缮成果。修缮前的勘察、测绘是一项重要的研究工作，修缮施工应是研究工作的继续。所以施工中千万不能以完成既定的工程项目为满足，一定要与古建筑的科学研究工作相结合，才是最为理想的施工。

会乘殿三大士

文殊菩萨

文殊，全称文殊师利，又作曼殊师利。意为"妙德""妙吉祥"等。据说在诸大菩萨中其智慧辩才第一。文殊典型法相是顶结五髻，表示五智，即法界体性智、大圆镜智、平等性智、妙观察智、成所作智。文殊菩萨两手皆持莲花，右手的莲花上插一支宝剑，表示大智，能断一切无名烦恼，喻金刚宝剑，能斩群魔；左手的莲花上置一部《般若经》，木质书夹中嵌有108颗珍珠，表示般若一尘不染，如大火聚，四面不可触，触之即烧。坐莲花台表示清净，骑狮子表示威猛。

会乘殿文殊菩萨

会乘殿金丝楠木万寿塔

　　会乘殿内东西各置一尊万寿塔，为八角三层金丝楠木，高两丈，两塔内供镏金铜质无量寿佛608尊。今寿塔犹存，镏金铜佛在姜桂题任热河都统时期被盗。

金丝楠木万寿塔

天王殿遗址

天王殿内东侧仁王像

天王殿内东侧封护前基址

天王殿内东侧封护后基址

天王殿基址全景

天王殿弥勒佛像

　　弥勒佛，即弥勒菩萨摩诃萨（梵文 Maitreya），意译为慈氏，音译怛俪药。中国大乘佛教八大菩萨之一，大乘佛教经典中又常被称为阿逸多菩萨摩诃萨，是释尊的继任者，将在未来娑婆世界降生世尊 ，成为娑婆世界的下一尊佛，在贤劫千佛中将是第五尊佛，常被尊称为当来下生弥勒尊佛。被唯识学派奉为鼻祖，其庞大思想体系由无著菩萨、世亲菩萨阐释弘扬，深受中国大乘佛教大师支谦、道安和玄奘的推崇。

　　弥勒佛以超世间的忍辱大行于世，所谓："大肚能容，容天下难容之事；开口便笑，笑世间可笑之人。"

　　弥勒形象共有三个。第一个形象出现在十六国时期，是交脚弥勒菩萨形象。该形象依据弥勒上生经，说他本是世间的凡夫俗子，受到佛的预记，上生兜率天，成为登十地成等正觉的菩萨，演说佛法，解救众生。第二个形象出现在北魏时期，演变为禅定式或倚坐式佛装形象。该形象依据弥勒下生经，说他将由兜率天下到人世间，接替释迦牟尼佛进行教化，由菩萨变为未来佛。第三个形象五代开始出现，再演变为肥头大耳、咧嘴长笑、身荷布袋、袒胸露腹、盘腿而坐的胖和尚形象。该形象依据后梁时期一个自称弥勒化身的僧人契此的模样。这一形象不再具有以往形象那种庄严凝重的宗教意蕴，变得随和，贴近生活。可以由人随意调侃、揶揄。这是弥勒世俗化的必然结果。

　　弥勒佛的形态至元代发生巨大变化，大肚盘坐、喜笑颜开的新型弥勒佛流行。学术界普遍认为其原型是五代时期的明州高僧契此。他常持一布袋乞食，并口诵偈语："弥勒真弥勒，分身千百亿。时时示时人，时人自不识"。江浙间多以契此是弥勒"分身"示现，故多图画其形象。最早的一例是宋代崇宁三年 (1104) 岳林寺为他建阁塑像。明清寺院则将此种大肚弥勒佛置于天王殿中央，以笑迎四面八方的信徒。

第三章

须弥福寿之庙（清代）排水系统

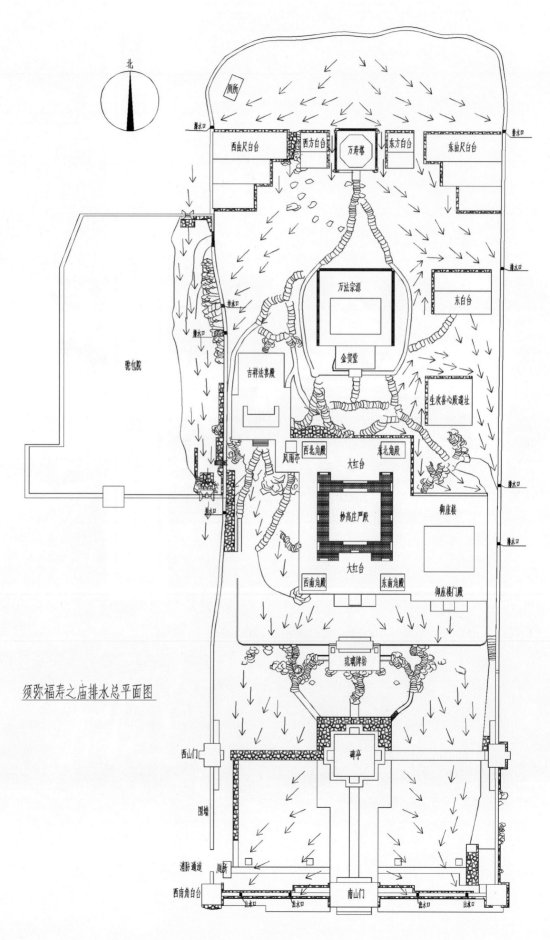

北

厕所

排水口   排水口

西曲尺白台   西方白台   万寿塔   东方白台   东曲尺白台

排水口

万法宗源

东白台

驼包院

吉祥法喜殿   金贺堂

生欢喜心殿遗址

风雨亭   西北角殿   东北角殿

排水口

大红台

妙高庄严殿   铜座楼

大红台

西南角殿   东南角殿   御座楼门殿

须弥福寿之庙排水总平面图

琉璃牌坊

西山门   碑亭

围墙

消防通道   厕所

西南角白台   南山门
出水口   出水口   出水口   出水口

一、概况

须弥福寿之庙位于承德市双桥区避暑山庄北侧，西邻普陀宗乘之庙，占地 3.79 万平方米，是承德"外八庙"中建造年代最晚的一座寺庙。须弥福寿之庙的兴建，与六世班禅有密切的关系。乾隆三十九年（1774），六世班禅在得到乾隆皇帝举行七旬庆典的消息后，通过章嘉国师，主动要求入觐朝贺。乾隆皇帝参照顺治皇帝在北京德胜门外修建西黄寺供达赖居住的先例，斥巨资于清乾隆四十五年（1780），仅用一年时间，仿班禅驻锡地——西藏扎什伦布寺兴建须弥福寿之庙。

须弥福寿之庙是承德"外八庙"最后一组建筑，是集藏、汉建筑艺术之大成的优秀范例。1961 年，须弥福寿之庙被国务院公布为第一批全国重点文物保护单位；1994 年 12 月，承德避暑山庄和周围寺庙被列入《世界文化遗产名录》。须弥福寿之庙作为清王朝鼎盛时期承德"外八庙"中最后一组寺庙建筑，成为世界文化遗产的重要组成部分。

二、建筑群组布局及建筑特征

1. 总体布局

须弥福寿之庙坐北朝南，依山就势，平面布局有清晰的中轴线贯穿南北，建筑呈平衡不对称式分布。庙共分五部分，最南侧为五孔石拱桥、庙前小广场，海拔高度 345 米，广场南北深 30 米，高差 1 米。进山门后沿中轴线穿碑亭至牌坊南侧高台为一院落，院落北高南低，东西向高差不大，东西向宽 115 米，南北向深 76 米，高差 1.8 米，总体坡度 2.5%。碑亭北侧为砂岩条石砌筑高台，上为牌楼及大红台、御座楼，大红台北侧东西两边为生欢喜心殿、吉祥法喜殿，大红台平台高出碑亭院落 7 米，低于北部万法宗源殿前广场 15 米。大红台往北地势渐高，为寺庙后部，中间为万法宗源殿、万寿塔、东西方白台，东西两侧分别为砂岩砌筑条石高台，平台上建东白台和东、西曲尺白台建筑，后部分院落南北长度为 156 米，高差 16 米。主院以西为驼包院，地势比主院低，中间为主院外排水沟，院南端中部存一座独塔白台，白台东侧为两孔出水口。

2. 建筑特征

须弥福寿之庙建筑台基分五种类型，一为砂岩条石砌筑高台基，如东、西曲尺白台，大红台、万法宗源殿及金贺堂、吉祥法喜殿、生欢喜心殿。二为砂岩条石台基，如琉璃牌坊。三为鹦鹉石条石台基，碑亭、妙高庄严殿及裙楼为此类型。四为毛石砌筑台基台帮，砂岩角柱石、阶条石，山门、东西边门、东西角白台、独塔白台等建筑为此类型。五为砂岩条石砌筑台基台帮，鹦鹉岩角柱石、阶条石，万寿塔为此类型。

散水分砂岩条石、条砖、砂岩冰裂纹片石板地面三种，万法宗源殿为砂岩条石散水，山门、碑亭、牌楼等主要建筑为条砖散水，白台建筑多为砂岩冰裂纹片石板散水。

院落甬路、地面分砂岩条石、叠石、条砖、砂岩片石板四种，妙高庄严殿、御座楼、万法宗源殿三个天井院落地面为砂岩条石，院落甬路为条砖地面，其余大部分院落地面为砂岩片石板地面。

三、历史排水设计路线

1. 历史上须弥福寿之庙建筑群组排水利用自然地势高差大，建筑分布比较分散的特征，采取建筑向院落散排，院落随地势向东西两侧出水口自然汇聚，汇入西旱河和东侧谷地，集中排入狮子沟。

西旱河沟较窄，北侧海拔高度为374米，南侧高度为361米，高差为13米，西旱河有北侧主入水口和东南出水口。

2. 院落

利用地势自然散排，没有固定的排水路线，大体上为由北向南排水，由中间向东西两侧围墙出水口汇聚，万寿塔、东西方白台院落比较典型；万法宗源殿、金贺堂院落及大红台、御座楼院落通过天井雨水收集口汇集至东西排水暗沟，排至东西围墙外；碑亭至山门院落为由北向南排水，从南侧围墙出水口排到院落外。

3. 建筑

大红台分妙高庄严殿、御座楼两个天井两部分。大红台顶部周圈设石质出水嘴，屋顶雨水汇入出水嘴排至院落地面。两个天井采用雨水汇聚口收集，通过东西暗沟从大红台两个天井院内排出。万法宗源殿、金贺堂屋顶及天井排水同大红台。

东、西方白台及东白台为屋顶北侧设石质出水嘴，院落雨水通过南侧出水口排出建筑院落。东、西角白台、东、西曲尺白台屋顶未设出水嘴，建筑院内雨水通过南侧出水口排出建筑院落。

四、排水现状

碑亭处条砖散水

红台顶部沟嘴

碑亭院落

琉璃牌坊西入口

1. 西旱河

西旱河北侧入水口及上部围墙为后期复建，为防止外人从水口进入庙内，入水口券洞未复原石栏杆，改为铁质栅栏网；入水口券洞栅栏网过密，淤积严重，雨季存在重大安全隐患。入水口至出水口西旱河河道长期未进行疏浚，长有大量的灌木、树木，基本丧失排水功能。南侧出水口为两孔、平顶，两孔中间为红砂岩砌筑分水尖，西侧出水口中间石柱保留，出水口用碎石完全封堵；东侧出水口中间后改为铁质栅栏，堵塞较严重，雨季存在重大安全隐患，出水口南侧建有厂房，原水沟已完全填平，西旱河出水口南侧河道完全丧失排水功能。

2. 院落

（1）山门至碑亭院落

院落内建售货亭、办公室、厕所等管理用房，封堵排水路线；南侧出水口因广场地面抬高，水口大部分淤积，排水不畅；院落内地面因雨水冲刷，原院落地平坡度破坏，局部积水严重。

（2）牌楼至大红台部分

大红台北侧与金贺堂南侧平台高差达 7 米，从平台下来雨水无法排出，形成一储水坑，积水严重，墙体因长期雨水浸泡，酥碱严重。生欢喜心殿北侧、西侧部分墙体被雨水冲刷下来的泥土掩埋，排水不畅，墙体酥碱严重。

（3）金贺堂至琉璃塔部分

万法宗源殿、万寿塔、东西曲尺白台北侧因雨水冲刷，水土流失，建筑散水、墙体部分被掩埋，淤积严重，东西围墙出水口因地面抬高，部分掩埋，排水不畅。

3. 建筑

大红台基座顶面长时间保养维护缺乏，地面下沉，排水不畅。红台北侧因雨水冲刷，砂土淤积严重，大红台院内排水暗沟淤积堵塞，地面酥碱严重，局部沉降，排水不畅。御座楼院内地面下沉，排水暗沟淤积堵塞，排水不畅。

其他白台建筑屋顶除东、西方白台保留北侧出水嘴外，嘴外，其余东白台、东西曲尺白台、东西角白台等建筑出水嘴均缺失；因雨水冲刷，水土流失致建筑散水掩埋，建筑周边生长大量植物，排水不畅，局部积水严重；白台建筑院落内或建大量临建，或长期未清理，出水口淤积，院落生长大量植物，积水严重。

五、评估

1. 价值评估

须弥福寿之庙排水系统作为世界文化遗产须弥福寿之庙的一部分，清晰展现了清代大型建筑群排水设计理念，充分体现了清代建筑规划设计对区域排水的高度重视，对于研究清代大型寺庙区域排水规划、承德地区气候变迁提供了实物例证。

须弥福寿之庙排水系统保留了清代鼎盛时期排水工程材料、工程做法痕迹，为研究清代区域排水工程做法提供了实物依据。

2. 现状评估

西旱河作为须弥福寿之庙的主排水沟，入水口封堵，南侧出水口淤积严重，出水口外侧水沟回填废弃，庙内水流无法排走，严重威胁建筑安全。

院落排水不畅，大部分白台建筑雨季处于雨水浸泡状态，东西曲尺白台、东白台、万法宗源殿等建筑雨季处于北侧洪水直接冲刷威胁。

由于建筑院内排水不畅，周边积水严重，植物生长茂盛，台基长期处于阴湿状态，台基酥碱剥落严重。

六、主要施工内容

1. 西旱河、狮子沟

清理旱河沟底淤积砂石，局部砌筑毛石护坡，加固旱河两侧驳岸。

拆除驼包院北侧入水水口水泥砂浆抹面券洞，恢复条砖三伏三券砖券洞，红砂岩条石砌筑金刚墙、雁翅驳岸，补配入水口石柱、沟底装板石。清理驼包院南侧出水口西孔封堵块石，拆除出水口东孔后改锈蚀钢管柱，补配出水口石柱、沟底装板石，补砌加固雁翅驳岸、分水尖。

恢复驼包院出水口南侧旱河沟，自然式驳岸。

清理狮子沟沟底淤积砂石及生长植物，补砌加固五孔桥两侧条石驳岸，狮子沟两侧局部砌筑毛石护坡加固沟帮。

西旱河

万法宗坛殿北侧

东白台北侧

2. 院落

院落采取裸露地面补种草,清除淤土,回填取土坑,重新找坡,防止水土流失,建筑周边补做石板散水。

(1)山门至牌楼南侧院落

沿南围墙和山门北侧增设宽0.8米宽的冰裂纹石板散水,3%找坡。拆除办公室、售货亭等管理用房前积水的冰裂纹地面,清理院落,由北向南重新找坡,重新铺墁冰裂纹地面,坡度3.5%,清理疏通南侧出水口。降低西围墙、南围墙抬高地面,恢复西、南侧排水口。

(2)牌楼至万法宗源平台部分

清理、疏通大红台南侧平台排水口,由大红台向南至女儿墙3%找坡。清理大红台北侧淤积杂物,由东向西沿大红台和御座楼群楼北侧增设花岗岩砌筑的暗排水沟。生欢喜心殿遗址西侧、北侧增设宽0.8米的冰裂纹石板散水。清理东侧排水口淤土杂草,石板铺墁汇水口周边地面。

(3)万法宗源至北侧围墙部分

万法宗源至东白台北侧铺设宽1米冰裂纹散水,3%找坡,整修与万寿塔之间的坡地,按原状采取沿地面坡度排水的方式,积水从东排水口排出庙。

沿西曲尺白台、西方白台、万寿塔、东方白台、东曲尺白台北侧增设宽约1米的冰裂纹石板散水,3%找坡,整修与北围墙之间的坡地,加强草地绿化,培植树木,防止水土流失,清理西侧、东侧排水口淤土杂草,石板铺墁汇水口周边地面。

3. 建筑

(1)大红台及御座楼

妙高庄严殿天井院落下水口处局部揭墁条石地面,重新补配酥碱条石,重新向集水口找坡;清理院落西侧暗排水沟沟底,局部拆砌外鼓松散的沟帮石,油灰勾缝,沟底增加聚氨酯两道防水层,疏通出水口。清理御座楼排水暗沟,局部揭墁下水口处天井院落地面,重新向集水口找坡,补配酥碱条石。

清理大红台北墙由西向东暗排水沟,及疏通加固通往东排水口的暗排水道。

(2)万法宗源及金贺堂

揭墁院落局部塌陷条石地面,重新补配酥碱条石,清理暗排水沟沟底，局部拆砌外鼓松散的沟帮石，油灰勾缝，沟底增加聚氨酯两道防水层，疏通出水口。沿建筑四周做宽0.8米冰裂纹散水，3%找坡。

（3）其余白台建筑

清理建筑周圈外地面，降低外地坪，重做砂岩片石板冰裂纹散水，3%找坡。

4.庙前广场

恢复须弥福寿之庙主排水沟的狮子沟广场段，自然式驳岸，局部砌筑毛石护坡加固沟帮。

七、分项工程做法

1.毛石护坡

花岗岩毛石混合砂浆砌筑护坡，间隔3米高度梅花状加石锚杆，锚杆截面150毫米见方，长800毫米，白灰膏勾缝。

2.排水沟

（1）出水口北侧西旱河清理

清理疏浚西旱河，清理出原始基岩底，砍伐沟底杂树，局部砌筑毛石护坡加固旱河两侧岩体。

（2）出水口南侧西旱河清理复原

找出原西旱河路线，挖掘出原沟底，自然驳岸，局部驳岸松散处砌筑毛石护坡加固。

（3）狮子沟清理复原

清理挖掘出狮子沟原沟底，补砌五孔石桥两侧及西旱河交接处条石驳岸，打石山，灌生石灰浆，河道驳岸为自然驳岸，以清理后坡度为准，局部驳岸松散处砌筑毛石护坡加固。

3.水口

拆砌补砌水口雁翅驳岸、分水尖金刚墙，恢复为红砂岩条石，打铁山，灌生石灰浆加固，料石底部加生铁片垫平，接缝处加铁银锭榫联结加固。补配出水口装板石，见缝阴锯槽，下熟铁锔子连结加固，三七灰土垫层两步。

4.广场地面

广场地面局部揭墁，做三七灰土垫层两步，铺墁砂岩片石板地面，3%向东西两侧找坡；甬路为条石地面，打石山，灌生石灰浆砌筑，三七灰土垫层两步。

5.建筑外侧散水

狮子沟石桥

西旱河

庙外广场

（1）清除山门至碑亭院落围墙外侧草、灌木，铺墁 60 厘米宽冰裂纹石板散水，三七灰土一步，3% 找坡。清除北围墙山顶部位外侧树木，铺墁 1 米宽冰裂纹石板散水，原土夯实，3% 找坡。

（2）白台建筑

清理白台建筑外侧生长草、灌木，三七灰土夯一步，铺墁 60 厘米宽冰裂纹石板散水，3% 找坡。

八、主要材料及质量要求

1. 白灰：块状生石灰，灰块比例不得少于灰量的 60%，各项指标执行《建筑生石灰》（JC/T497-92）钙质生石灰优等品标准。

2. 泼灰：块状生石灰用水反复均匀泼洒成为粉状后过 5 毫米细筛。用于制作各种灰浆和灰土的原材料。

3. 土：粉质粘土，10 < IP < 17，有机质含量不得大于 5%，用于三七灰土的土需要过筛，不得含有大于 30 毫米的土块。

4. 灰土：黄土过筛（筛孔为 20 毫米），泼灰与黄土按 3.7 比例拌合均匀，用于 3:7 灰土。

5. 白灰糯米浆：白灰浆加糯米汁加白矾，白灰:江米:白矾 =100:3.5:1。

6. 料石：采用与原材料相同的砂岩，构件的规格尺寸必须与原构件尺寸相同，质量符合 CJJ39-1991 规范相关要求。

7. 补石药：石粉:白蜡:黄蜡:芸香 =100:5.1:1.7:1.7。

8. 焊药：黄蜡:松香:白矾 =1.5:1:1。

东曲尺白台北侧清理

西曲尺白台南侧

松香

第一节　裙楼地面

修缮说明

一、裙楼地面修缮原状

群楼东、南、西、北地面损坏严重，后期水泥地面修补较多。整体地面损坏及沉降严重，需要挖补及归安量较大。院内排水暗沟淤积堵塞，地面酥碱严重，排水不畅。

二、裙楼地面修缮目的

将地面损坏及沉降严重的红砂岩条石地面，以及后修补的水泥地进行挖补及归安处理，保证排水的通畅性。

三、地面修缮质量要求

归安及修补完毕后，整体地面坡度要求顺畅，整体性能较好，需满足排水要求。

四、修缮方法

1. 拆除后补水泥地面。

2. 清除拆后杂物及渣土。

3. 拆除损坏变形严重的红砂岩条石地面。

4. 损坏较轻微的条石进行局部粘补。

5. 拆安归位下沉严重的红砂岩条石。

6. 制安补配红砂岩条石（找坡、三七灰土垫层、白灰浇浆、铺墁、夯实）。

裙楼地面

1-1 原 状

1-2 拆除原水泥地面

1-3 清 运

1-4 拆 安

1-5 粘补复位

1-6 剔 除

1-7 灰土垫层

1-8 夯 实

1-9 坐灰浇浆

1-10 夯 实

1-11 清理成活

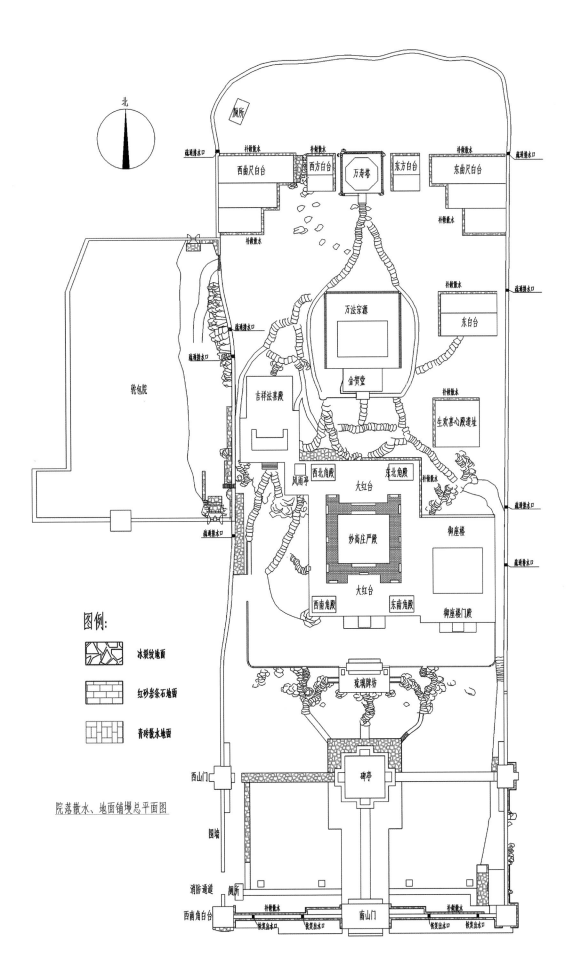

图例:

冰裂纹地面

红砂岩条石地面

青砖散水地面

院落散水、地面铺墁总平面图

北

修缮说明

一、散水修缮前原状

淤土严重，导致雨水淤积，浸泡建筑基础，散水损坏严重，部分已经缺失。影响建筑安全稳定及美观效果。

二、修缮目的

人工清理淤土、杂草，拆除破损散水，清理至原有建筑散水基底层为止。清理完毕后，重新铺墁青砖或冰裂纹石材散水地面，保护建筑台基。

三、修缮方法

1. 清理淤土杂物。

2. 拆除破损青砖或冰裂纹石材散水。

3. 定位、放线。

4. 清理至原建筑散水基底层。

5. 散水基底层三七灰土夯实。

6. 人工倒运新青砖和冰裂纹石板。

7. 铺墁。

8. 清理打点。

青砖散水

青砖散水

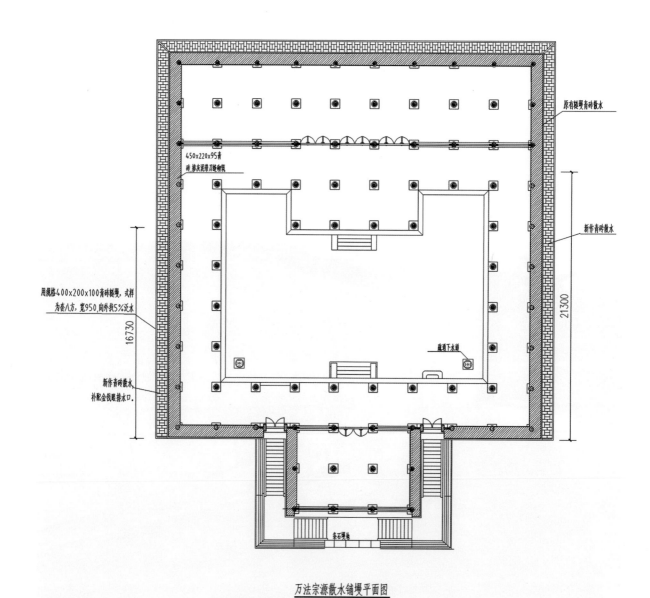

原有糙墁青砖散水

450x220x95青砖,掺灰泥带刀缝砌筑

新作青砖散水

用规格400x200x100青砖糙墁,式样为套八方,宽950,向外找5%泛水

21300

16730

新作青砖散水补配金钱眼排水口.

庭道下水道

条石墁地

万法宗源散水铺墁平面图

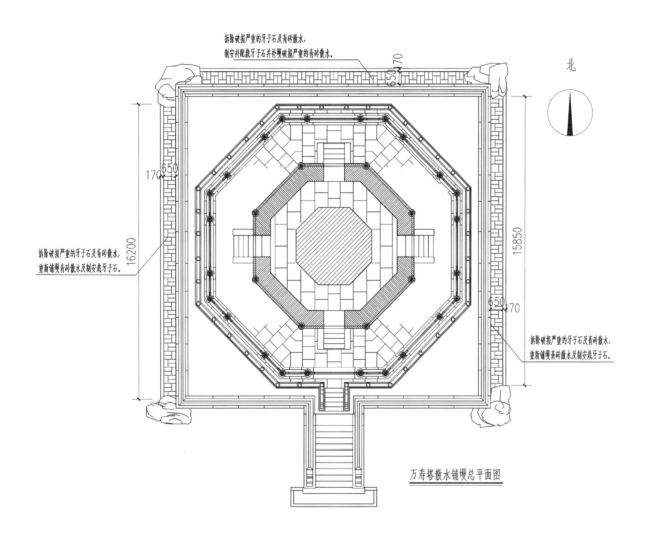

拆除破损严重的牙子石及青砖散水,
制安补配栽牙子石并补砌破损严重的青砖散水.

拆除破损严重的牙子石及青砖散水,
重新铺墁青砖散水及制安栽牙子石.

拆除破损严重的牙子石及青砖散水,
重新铺墁青砖散水及制安栽牙子石.

北

650 70

170 650

16200

15850

650 70

万寿塔散水铺墁总平面图

2-1 万法宗源殿散水原状

2-2 清 淤

2-3 拆除原破损散水

2-4 清理基底

2-5 三七灰土夯实

2-6 人工搬运

2-7 放线栽牙子砖

2-8 铺　墁

2-9 铺墁完工

2-10 勾 缝

2-11 完 工

冰裂纹石板散水

冰裂纹石板散水

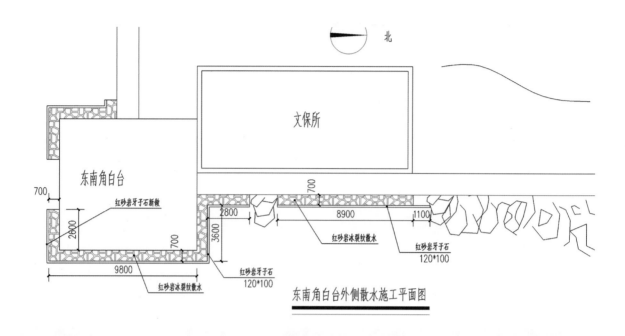

北

文保所

东南角白台

700

2600

红砂岩牙子石新做

700

3600

2800

700

8900

1100

9800

红砂岩牙子石
120*100

红砂岩冰裂纹散水

红砂岩冰裂纹散水

红砂岩牙子石
120*100

东南角白台外侧散水施工平面图

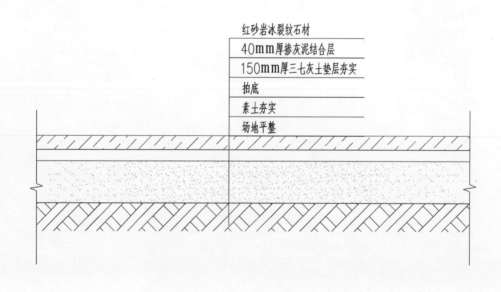

红砂岩冰裂纹石材

40mm厚掺灰泥结合层

150mm厚三七灰土垫层夯实

拍底

素土夯实

场地平整

冰裂纹地面、散水施工做法详图

2-12 生欢喜心殿散水原状

2-13 清 淤

2-14 清理基底

2-15 铺墁、完工

第三节　排水沟

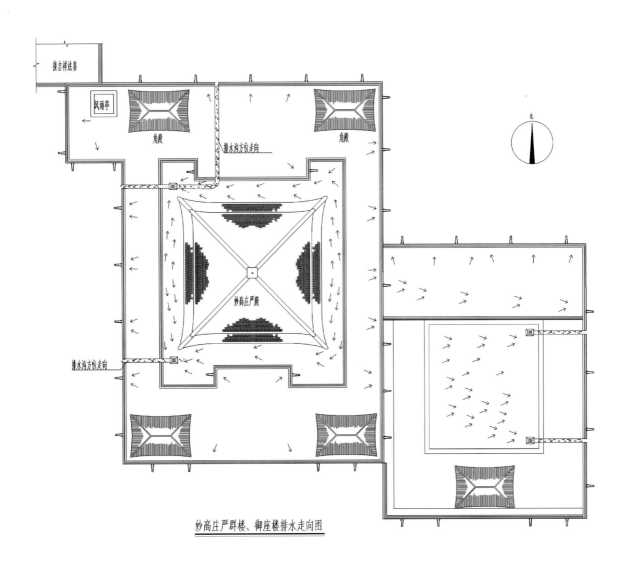

妙高庄严群楼、御座楼排水走向图

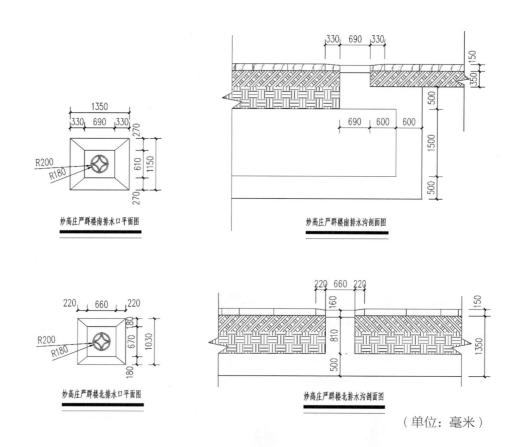

妙高庄严群楼南排水口平面图

妙高庄严群楼南排水沟剖面图

妙高庄严群楼北排水口平面图

妙高庄严群楼北排水沟剖面图

（单位：毫米）

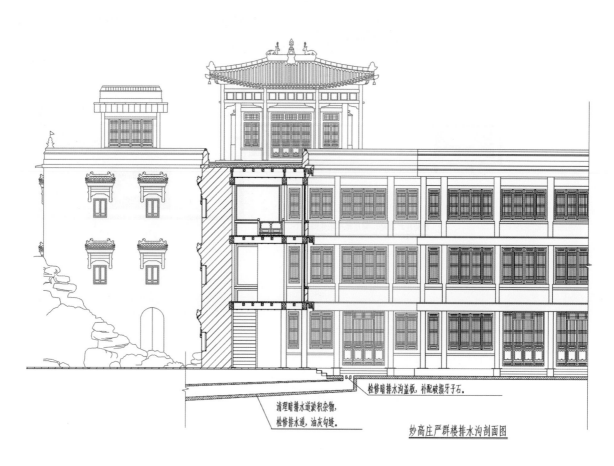

检修暗排水沟盖板，补配破损牙子石。

清理暗排水道淤积杂物，
检修排水道，油灰勾缝。

妙高庄严群楼排水沟剖面图

修缮说明

一、排水沟原状

沟内常年淤土沉积，杂物覆盖，此次修缮前一直未进行过清理、疏通，导致院内排水不畅、积水严重。

二、修缮方法

1. 拆除原沟漏。

2. 清理运输。

3. 排水沟内勘察清淤。

4. 暗沟处拆挖分段清淤。

5. 拆挖处三七灰土垫层和新石板制安。

6. 夯实、勾缝。

群楼金钱眼排水沟

3-1 原 状

3-2 沟漏拆除

3-3 沟漏周边清理

3-4 沟内原状

3-5 沟内原状

3-7 清 淤

3-6 清 淤

3-8 淤土外运

3-10 暗排水沟上部方砖地面（殿内部分）拆除

3-9 临时保护盖板

3-11 清 淤

3-13 沟内清淤

3-12 沟内勘察

3-14 拆除原破损沟盖

3-15 沟盖制安

3-16 灰土垫层

3-17 补配条石地面

3-18 原沟漏安装复位

3-19 殿内方砖地面安装复位

3-20 完 工

第四节　驼包院（西旱河）

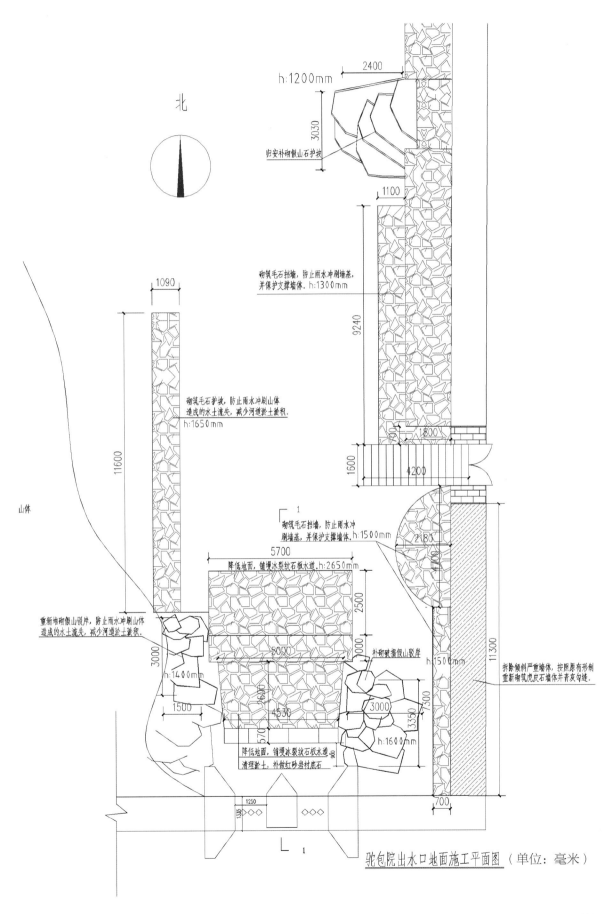

北

山体

h:1200mm

2400

3030

归安补砌假山石护坡

1100

砌筑毛石挡墙，防止雨水冲刷墙基，
并保护支撑墙体. h:1300mm

1090

9240

砌筑毛石护坡，防止雨水冲刷山体
造成的水土流失，减少河道淤土淤积.
h:1650mm

11600

1800

1600

4200

1

砌筑毛石挡墙，防止雨水冲
刷墙基，并保护支撑墙体. h:1500mm

5700

2180

4700

降低地面，铺墁冰裂纹石板水道. h:2650mm

2500

11300

重新堆砌假山驳岸，防止雨水冲刷山体
造成的水土流失，减少河道淤土淤积.

1000

3000

5000

补砌破损假山驳岸

h:1500mm

h:1400mm

1500

1600

4530

3000

3350

500

拆除倾斜严重墙体，按照原有形制
重新砌筑虎皮石墙体并青灰勾缝.

570

900

h:1600mm

降低地面，铺墁冰裂纹石板水道
清理淤土，补做红砂岩衬底石

1250

700

1

驼包院出水口地面施工平面图（单位：毫米）

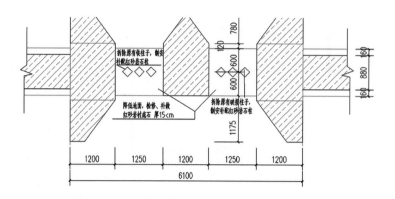

驼包院出水口平面图

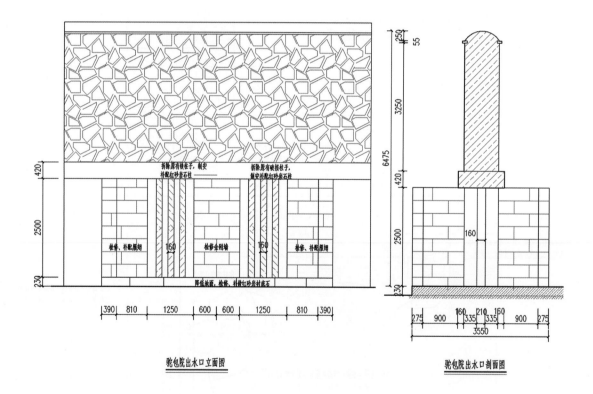

驼包院出水口立面图　　　　　　驼包院出水口剖面图

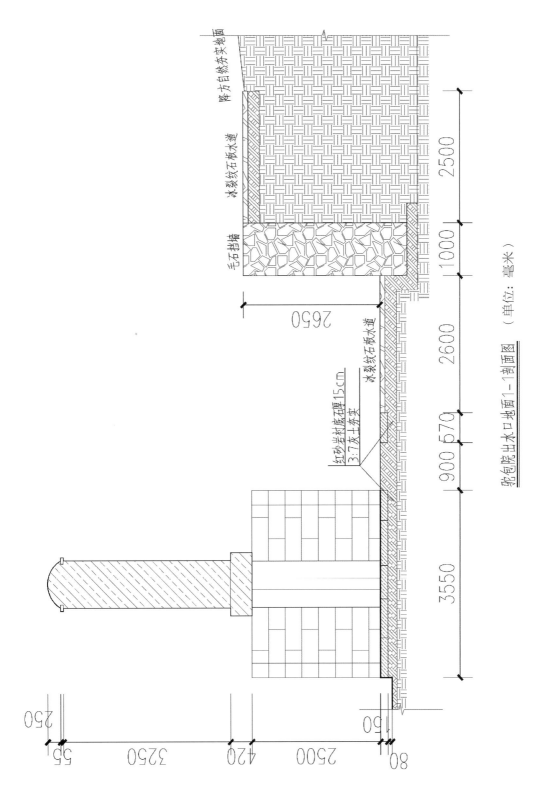

夯方自然夯实地面

冰裂纹石板水道

毛石挡墙

2500

1000

2650

红砂岩衬底碴石15cm
3:7灰土夯实

冰裂纹石板水道

2600

570

900

3550

250

55

3250

420

2500

80

50

驼包院出水口地面1—1剖面图 （单位：毫米）

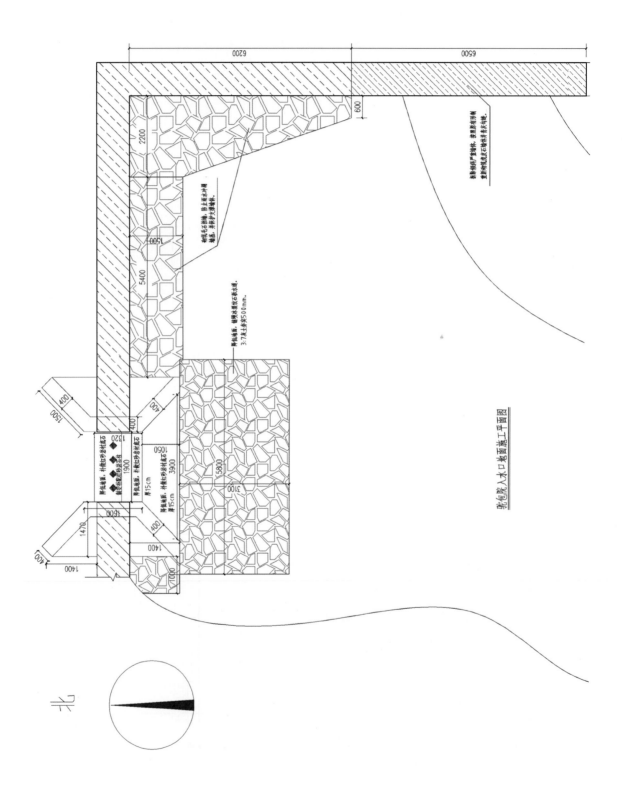

驼包院入水口地面施工平面图

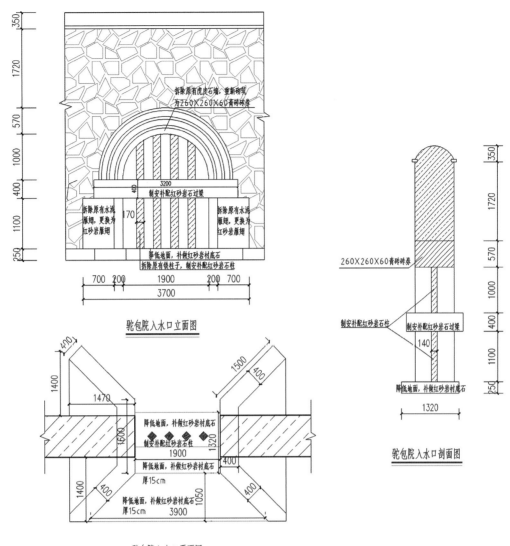

驼包院入水口立面图

驼包院入水口平面图

驼包院入水口剖面图

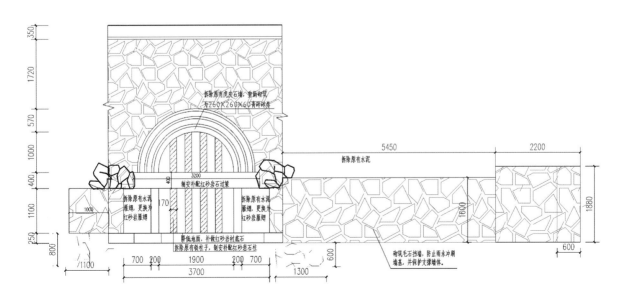

驼包院入水口地面施工立面图

修缮说明

西旱河河道长期未进行疏浚，淤积严重，生长大量灌木、树木，基本丧失排水功能。河道堵塞较严重，原水沟已完全填平，需要进行河道整体清淤施工，以保证西旱河排水通畅。

一、挖探坑

因施工现场部分区域狭小，为不影响施工进度，采用人工分节开挖，尺寸约为3米长、2.5米深、1.5米宽。人工挖探坑，每挖深1米，停止开挖，在坑壁挂安全网防止探坑土滑落。完成防护后，再进行下一节挖孔开挖。

1. 施工步骤

场地整平→测量放线，定开挖轮廓线→挖第一节坑土方→坑壁挂安全网→第二节坑身挖土→清理坑壁，校核垂直度和直径→设置垂直运输滑轮或吊土桶、爬梯等设施→直至坑底标高。

（1）在正式施工前，应具备以下工程资料。主要包括施工现场的工程地质和必要的地下水位资料；管线详细布置图；主要施工机械及其配套设备的技术性能资料；人工开挖的施工方案。

（2）人工挖孔施工中安全措施非常重要，必须高度重视，应做到以下措施保障：

① 坑内设应急爬梯，供人员上下井；

② 施工人员进入孔内，必须戴安全帽、安全绳、安全带；

③ 使用爬梯、手动绞绳架等，应有安全可靠的自动卡紧保险装置；

④挖出的土石方及时弃运，不允许长期堆放在坑口四周，坑孔周围2米范围内设护栏和安全标志，非作业人员禁止入内；

⑤暂停作业时，孔口必须设围挡和安全标示或用盖板盖牢，阴暗时和夜间设警示。

2. 安全文明施工

（1）进入施工现场人员一律戴安全帽，并接受入场教育。作业人员穿戴符合施工要求的着装，严禁穿拖鞋、硬底鞋、易滑鞋和裙子进入施工现场。

（2）挖出的土方，及时运走，暂不运走的土体，必须按照相关规范进行堆放。

（3）基槽开挖作业时，基槽内有作业人员时，基坑上必须有人监护，并随时 与坑内人联系。

（4）作业用的料具应放置稳妥，小型工具应随时放入工具袋内，上、下传递工具时，严禁抛扔。

二、出、入水口施工

拆除驼包院北侧入水水口水泥砂浆抹面券洞，恢复条砖三伏三券砖券洞，红砂岩条石砌筑金刚墙、雁翅驳岸，补配入水口石柱、沟底装板石。

清理驼包院南侧出水口西孔封堵块石，拆除出水口东孔后改锈蚀钢管柱，补配出水口石柱、沟底装板石，补砌加固雁翅驳岸、分水尖。恢复驼包院出水口南侧旱河沟，自然式驳岸。

1. 拆砌补砌出、入水口雁翅驳岸、分水尖金刚墙，恢复为红砂岩条石，打铁山，灌生石灰浆加固，料石底部加生铁片垫平，接缝处加银锭榫联结加固。补配出水口装板石，见缝阴锯槽，下熟铁锔子连结加固，三七灰土垫层两步。

2. 三伏三券砖券洞

砖券又被称为"砖璇"，是代替古建筑中的门窗洞口及其空圈上"过木"的一种砖过梁，根据形状的不同拱度分为平券、木梳背、半圆券、圆光券等，砖券的砌筑称为"发券"。随着时代的发展，在砌体的砌筑方法上，尤其是中国古建筑中的一些传统技术和方法更需要我们去继承和发展。

（1）工艺流程

定位放线→券胎放样、制作→券洞直墙部分及拱脚砌筑→支设券胎→发券→清理修补。

（2）施工工艺

施工前先对要施工的部位进行定位放线，确定砖券的尺寸，根据图纸尺寸进行放样做券模，模板做好后进行现场样模，确认无误后进行券洞直墙部分及拱脚砌筑，保证其承载力。经过甲方、监理、设计四方现场验收合格后，进行支设券胎及发券施工工序，主要注意券砖之间的排列及砖缝大小的控制，砖缝宽度控制在 10 毫米以内，缝隙要求均匀整洁，完工后的券洞进行清理修补，找补砖缝及清理砖券面层。施工时应避免污染砖面。

三、毛石驳岸

景石驳岸是在块石驳岸完成后，在块石驳岸的岸顶面放置景石，起到装饰作用。具体施工时不能照搬设计图，而应根据现场实际情况，根据整个西旱河河道的迂回折点放置景石。

景石驳岸的平面布置最忌成几何对称形状，对一般呈不同宽度的带状溪涧，应布置成回转折于河道之间，互为对岸的岸线要有争有让，少量峡谷则对峙相争。石材要有聚散变化，分割应不均匀。旷远、深远和迷远要兼顾。

1. 施工前，进行人工开挖保护土方，然后进行复测基面高程。由于本工程都是块石或碎石基础的，因此直接进行基础填筑施工。

2. 基础填筑施工

（1）在基础上放出砌浆石的边线，并在两端架设木制浆砌石断面的样架。

（2）按事先试验确定的配合比拌制砌筑砂浆，并运至现场备用。

（3）前后边线，再填驳岸的顺序施工。砌筑时，采用座浆法进行施工。先将石块对在样线处，修去不平之处，再座浆，砌块石，在缝处用浆及石块填塞紧，对两块石间进行灌浆填实。

（4）在施工时要求基本一层一层地砌，但不能产生通缝平缝。要保持缝口宽度基本一致，并保证外露面基本平整，砌浆后要进行洒水养护。每天砌筑的高度不能超过1.5米，以防沉降过大。

驼包院毛石驳岸

4-1 入水口原状

4-2 出水口原状

4-3 景石驳岸原状

4-4 挖探坑

4-5 出水口清淤

4-6 驳岸清理

4-7 入水口墙拆除

4-8 拆除原铁篦

4-9 毛石基础

4-10 拆除沟底板石

4-11 沟底板石制安

4-12 砍口齐边

4-13 剁 斧

4-14 搬 运

4-15 石活就位

4-16 找平、找正、垫稳

4-17 支设券胎

4-18 发 券

4-19 白灰膏勾缝

4-20 完 工

4-21 出水口原状

4-22 柱槽测量定位

4-23 石柱制作

4-24 搬 运

4-25 石柱安装

4-26 驳岸堆砌

4-27 驳岸施工区安全防护

4-28 堆砌完工

4-29 入水口完工

4-30 出水口完工

修缮说明

　　承德避暑山庄外八庙均是在山地进行建设的，大体符合皇家建筑中轴对称的基本特征，总体格局寻求大对称中的不对称和变化，并参照蒙、藏等地佛寺形式，创造了汉藏结合的佛寺格局。假山在这些佛寺中用途不一，主要有三种类型：第一，包含佛教象征意义的假山，如普宁寺大乘之阁后的四大部洲假山；第二，作为建筑护坡驳岸的假山，如须弥福寿之庙主殿后坡假山；第三，作为道路配景、收边的假山，如普陀宗乘之庙沿山道侧假山。

　　外八庙采用了汉藏结合的手法，既有皇家寺院的中正严谨，又吸收了蒙、藏等少数民族的建筑风格，是清代北方皇家寺院中的典范之作，它与避暑山庄和其他周边寺庙一起见证了康乾盛世时期经济的繁荣和多民族统一国家的最终形成。

　　外八庙假山大多采用假山与真山结合，假山与建筑结合，真山、假山、建筑浑然一体，规模巨大，大气而不失自然，对称中不失变化，体现了恢宏大气的皇家气派。

　　外八庙假山采用了承德本地石材为原料，厚重不失清雅，雄壮不失玲珑，体现了乾隆帝的艺术品位和当时工匠最高的园林设计和工艺水平。

　　外八庙假山布局整体采用象征性的手法附会佛教题材，体现了佛教建筑和佛教园林在清代的新发展、新趋势。此次修缮具体统一的施工方案如下：

　　1. 假山石选材原则

　　（1）施工中尽量使用本场地中已有的材料，原则上不补充和选择新材料。

　　（2）应注意甄别材料单独使用的部位。例如，原来铺地的品种用于铺地。

　　（3）选材时应注意甄别石材的质地，避免使用有暗伤、隐患的石材作为假山的主要结构件。

　　2. 施工准备

　　（1）选石：按设计、模型、造景的需要，考虑使用什么地区、什么种类的石料，通称选石，随即运至堆料场地。

　　（2）相石：即具体地考虑哪一块山石用在什么部位，做到心中有数，通常可采用油漆编号的方法。

　　（3）一般要求：质地坚硬无风化，无裂缝，纹理一致，颜色一致。
湖石的形态应以"透、漏、瘦、皱"为衡量标准，其他山石形态应以"平、正、角、皱"为衡量标准。

　　（4）机具：根据不同假山施工情况，一般应有吊车、叉车、吊练、绳索、卡具、撬棍、手推车、震捣器、搅拌机、灰浆桶、水桶、铁锹、水管、大小锤子、钻子、抹子、柳叶、鸭嘴、笤帚等。

　　（5）作业条件：现场道路畅通，山石料已备好，基础施工完毕。

3. 施工工艺

（1）抄平—放线—挖槽—拍底—基础处理—回填夯实—弹线—码底层山石—垫刹—填馅—灌浆—码山体（同底层）—封顶—勾缝—清扫冲光—回填夯实—清理。

（2）基础施工：根据不同假山、不同地基情况，可分别采用土地基，素土夯实基础，灰土基础、素砼基础、片石基础、毛石基础等不同形式，均按设计和有关施工规范施工。原有基础未有重大变化的，应尽量避免扰动原有基础。假山施工中发现地基问题应及时请设计处理，不得擅自处理。

（3）码底层山石：高度以一层大石块为准，大面朝上，有形态的好面朝外，注意错缝，垂直与水平两个方向均应照顾到。每安装一块山石，即应将垫刹稳固，然后填馅，如灌浆应先填石块，如灌混凝土则应随灌随填石块。山脚垫刹的外围，应用砂浆或混凝土包严。

（4）码山体：光码看面或外面，外露部分应尽量选好面，大面平的面朝上，随安随垫刹，要稳，并尽量隐蔽石与石的连接，应压茬合缝，重心要稳而不偏。整块山石要避免倾斜，靠外边不得有陡板式、滚圆式或立柱式的山石；纹理要顺，忌乱（横七竖八）。横向安山石，配重要足，一般要求不少于悬挑的二倍。垂直与水平方向的错落，应注意总体效果，忌零碎；每层码完应随后进行补缝，填馅、灌浆的工序，应注意养护。

（5）封顶：应选用形态好、大体积块石，注意主峰和配峰的关系，尽量造成一峰突起的效果，可分别采用剑立、堆秀、流云等手法，封顶石必须起到均衡山势、稳定、四面耐看的作用。从整体看，封顶石安装后，无头重脚轻、倾斜和立足不稳的感觉。

（6）垫刹：可综合运用垫、背、托、戗、灌等手法，但必须注意纹理通顺，缝隙小，严密，受力均匀，或荷载传递合理，并尽力做到不外露。刹石不准采用风化、质软有裂纹的，也不得采用碎石、陡板石，圆形、柱形、楔形等石块，也不宜采用上下两块叠落，下滑斜坡等不正确手法。

（7）勾缝：一般应分打底、罩面两次，打底应将空洞大的缝隙填严，罩面可采用1:1.5:2适当掺矿物质颜料，随山

清挖树根

码砌山石

鸭嘴罩面灰

叠石记录编号

石色。

罩面灰用柳叶或鸭嘴勾抹，并随即用毛刷带水打点，尽量不显抹纹、压茬等痕迹，缝子外观能见到的部位应越细越好。一般6米以下的假山，可待封顶后，从上到下勾缝，6米以上每增两层（3～4米）山石勾一次缝较好。

4. 叠石施工工艺要求

缀山叠石，必须保证总体艺术效果，不同的假山应采用不同的手法。

（1）假山维修前应对原有假山基盘勘察，明确原有假山范围，比对设计，如有不同，及时与设计沟通。

（2）维修的假山不得超越原有假山的范围。

（3）假山石的分解与归安为技术工作，分解前应做好整体记录，分块编号，针对小规模的落石清理移位也应做好记录并编号。

（4）局部拆解应由技术工人逐步分解，避免损伤假山石的表面，严禁用机械和外力推倒。

（5）假山叠筑的手法众多，其大旨无非是受力与平衡，假山的结构稳定主要是靠山石自身重心的稳定以及石与石之间的挤压、支撑，拓缝灌浆只是辅助。本工程是文物维修工程，采用传统材料拓缝灌浆，较之水泥的粘结力弱，更应注意叠石的平衡。

（6）石材的衔接可以使用铁件加固，对于石材上原有卯口的，应尽量使用原卯口。假山维修加固中采用传统铁件，但需对铁件表面进行防锈处理，避免铁件锈蚀膨胀对假山的破坏。

（7）假山拼叠是按照自然山水的节理，将小石合为大石的过程。施工前应对石料反复观察，找出每块山石独特可用之处和合适的位置。质地、颜色、纹理，分类整理，关键部位做出标记。

（8）拼叠接形应注意山石纹理的衔接，所谓合纹，即拼缝合乎山石自然的皱褶。

（9）假山维修应注意保留原有山石拼纹的走势和形态。

（10）洞穴应考虑上部荷载，考虑悬挑及作为梁架用石的材质和强度。必要时可要求设计进行结构验算和加固。

（11）灌浆的主要材料为白灰，承德 较多的是桐油灰，油灰比例为1:4。

（12）山石受力处的灌浆要饱满，刹石内口要填充紧实。

（13）拓缝有明缝、暗缝之别，二者根据不同需要使用。一般来说，大石块之间宜用暗缝，小石块组合成大石时，用明缝。要符合石材天然之裂隙。缝隙较大时，可填入随形的小石块再勾缝。

（14）拓缝要求自然细腻，必要时留出自然缝，严禁用水泥涂抹勾缝。

（15）拓缝用灰有青灰、黄灰，青灰中墨与白灰为1:10，黄灰中黄泥与白灰为1:3。承德外八庙假山石材采用青石、黄石两种，青石叠砌的采用青灰拓缝，黄石叠砌的采用黄灰拓缝。

5. 操作规程（含质量要求）

（1）三远法：

高远—前低后高。

深远—山峰并峙或交错。

平远—平岗错落蜿蜒。

（2）透皱法：石与石相连，深凹阴影结合。

（3）结峦法：模拟真山形同彩云朵朵的形式。

一般山石可参照以上手法实施。

（4）总的表现手法应结合"十要""五忌"综合运用。

十要：要有主宾、层次、起伏、曲折、凹凸、顾盼、呼应、疏密、轻重、虚实。

五忌：形同香炉蜡烛，笔架花瓶，刀山剑树，铜墙铁壁，城池堡垒。

6. 应注意的安全事项：

（1）山石吊装前，应严格检查绳索的安全可靠性能、绑扎位置、绳扣、卡子，应由有经验的工人操作并在起吊前进行试吊，五级风及雨中禁止吊装。

（2）操作人员应严格执行安全操作规程，按规定着装，起吊时起重臂及山石下方严禁站人和操作。

（3）垫刹时，应由起重机械带钩操作，脱钩前必须对山石的稳定性进行检查，松动的垫刹石块必须背紧背牢。

假山拼叠

拓　缝

山石吊装

山石垫刹

（4）山石打刹垫稳后，严禁撬移或撞击搬动刹石，已安装好但尚未灌浆填馅勾缝或未达到70%强度前的半成品，严禁攀登。

（5）6米以上的假山，应分层施工，避免由于荷载过大造成事故。

（6）脚手架和垂直运输设备的搭设，应符合有关规范的要求。

7. 假山配栽植物实施要求

本项目绿化恢复工程主要为假山修复后的草皮护坡和水土保持工程。

（1）撒播草种

施工流程

撒播草种工艺流程如下：

表土开挖及回填→精细平整场地→施基肥→浸种→播种→浇水、碾压→覆盖草帘→后期管护

施工方法

① 表土开挖及回填

对草种播种区坡面开挖土方，主要采用铁锹或镐翻地，可利用的材料就近堆放，用于坡面表土回填，废弃料采用自卸三马车运至碴场堆放。表土主要采用附近开挖的可利用有机土料，1台自卸汽车运输，人工铺料、平整。

② 精细平整场地：用耙子将土耙细平整，粗土块捡出或整细，将不能打碎的土块，大于25毫米的砾石、树根、树桩及其他垃圾捡出集中堆集在一起，用自卸三马车集中运至碴场，在播种草籽之前须整畦灌溉一次。如发现沉降不均匀处，应加土重新整平。

③ 施基肥：在施工中，提前将饼肥（长效有机肥）打碎撒在平整过的表土上，并通过翻松，与土壤充分混合。

④ 浸种：在播种前一天，将选定草种与肥料按比例用水浸泡催芽12～24小时，肥料采用高级复合肥，再将浸泡好的草籽、肥料、保水剂、砂，按专业比例混合，并搅拌均匀。

⑤ 播种：在良好的天气条件下，将混合好的撒播材料倒入容器内充分搅拌均匀，形成均匀混合材料，由专业技术人

员均匀地用手撒播在整个坡面上，从上至下，边撒边退，保证草籽撒播量 10～50 克／平方米。

⑥ 浇水、碾压：播种完成后 24 小时内，对播种后坡面采用监理工程师认可的机具轻轻压实，并随即浇水。

⑦ 覆盖草帘：在撒播完草籽混合料的坡面上，由人工自上而下地覆盖一层草帘，保护未发芽扎根的草籽不被风、雨水冲毁，并可以保持坡面水分，促使种子均匀分布。

⑧ 后期管护：在喷播后每隔 3 天连续浇水 4 小时，浇水量为每 0.1 立方米／平方米，一直保持坡表湿润至草种全苗、齐苗。浇水时采取雾状喷施，防止形成径流，造成草种分布不均匀影响覆盖率和美观。3 周后，草坪出芽覆盖率达到 95%，6 周后，草坪平均高度达到 5 厘米时，揭开无纺布，以免阻止植物生长，并施肥加强草坪生长能力。施工完成 3 周后，全面普查草坪生长情况，对于生长明显不均匀的位置补种，并除杂草和喷农药除虫。待草坪长到 8 厘米左右时修剪，并适当控水促进根系发芽。在夏季热闷湿的天气里，必须对草坪根须做详细检查，严防霉菌等病害，若发现有病害，应及时采用灭霉灵等药物。

8. 注意事项

（1）对草坪生长状况建立巡查制度，指定有丰富经验的绿化园林工对草坪的生长状况建档,定期检查,做好文字记录。

（2）配栽植物不等同于绿化，是衬托假山、创造山林意境的要素，是假山的一部分。

（3）假山维修中应注意保留假山原有的栽种池。

（4）维修中应注意对已有植物的养护。

（5）维修假山应注意设置栽种池，以便今后配置植物，形　成整体氛围。

（6）假山中植物栽植应处理好排水问题，设置顺畅排水道，避免渗水影响结构。

（7）假山植物的配置应严格考证，合理选用植物，严禁外来物种。

（8）应及时修剪，避免植物根系对假山的破坏。

植　草

配栽绿植

第一节　普宁寺假山

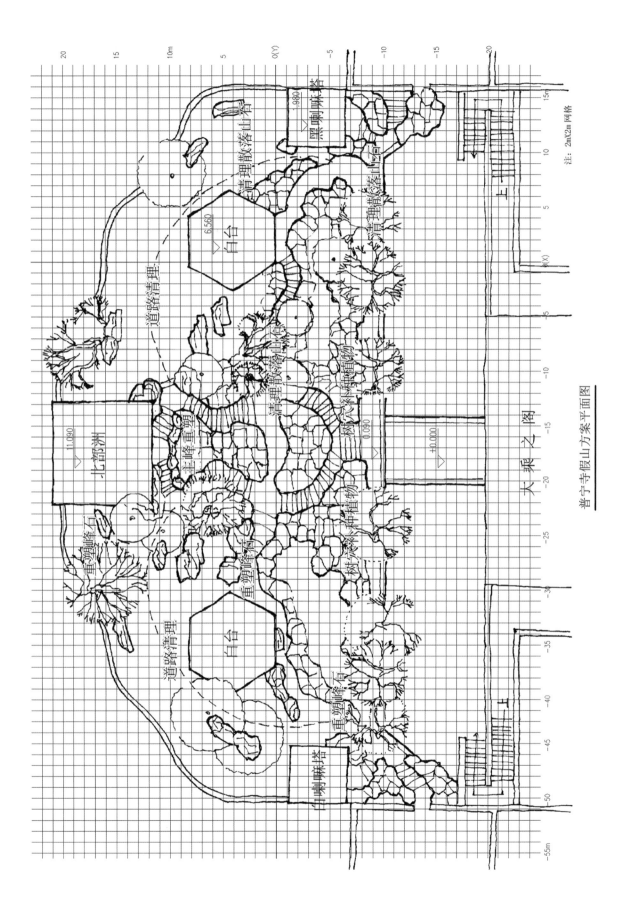

注：2m×2m 网格

普宁寺假山方案平面图

黑喇嘛塔
.980
清理散落山石
白台
6.560
清理散落山石
道路清理
北部洲
11.090
清理散落山石
主峰重塑
清理散落山石
洞穴水系种植物
0.090
重塑峰石
重塑峰石
白台
重塑峰石
道路清理
树木水系种植物
+0.000
大乘之阁
重塑峰石
白台
中喇嘛塔

修缮说明

一、历史沿革

乾隆二十年（1755），清政府平定了准噶尔蒙古台吉达瓦齐叛乱。为了纪念这次胜利，清政府依照西藏三摩耶庙的形式，修建了这座喇嘛寺。由于寺内有一尊金漆木雕大佛（千手观音），俗称大佛寺。

普宁寺建成后，不断地进行修缮，仅乾隆朝就修缮了四次，即乾隆二十六、三十二年、三十八年、四十七年。以后嘉庆、道光年间皆有补修。清末因财力原因，维修渐少。民国初年，军阀姜桂题、汤玉麟等大肆盗卖、破坏，拆毁了普宁寺的妙严室。伪满时期，寺庙进一步遭破坏，普宁寺的山门及大方广殿被拆毁，同时普宁寺的东西僧房院亦已坍塌。新中国成立以后，于1960年重点修缮了大乘之阁及千手观音大佛，同时兼顾天王殿及妙严室、讲经堂等。全部工程于1963年完工。"文革"后，又进行了全部寺院的修缮，并恢复了东西两侧的僧房院。

二、历史格局

普宁寺占地3.3万平方米，位于山庄外的12座皇家寺庙的中间位置，其余11座寺庙排列在它的西南、东南两侧，是外八庙宗教活动的中心。普宁寺的选址尽占形胜之地，南面与后来建造的安远庙及普乐寺相望，东面与磬锤峰、蛤蟆石相对，西面可望见山庄北部的永佑寺舍利塔及北岭诸峰，是一处四望有景的绝佳之地。普宁寺前院松柏掩映，后山叠砌假山、密植松林，是寺庙与园林结合的典型代表。

普宁寺后半部是建在高台坡地上，分台建造。按碑文记载，这部分的建筑布局是仿效西藏扎囊地区的桑耶寺建造的。在普宁寺的布局中，将这种理念建筑化，如中央大乘之阁象征着帝释天所居住的圣山—须弥山，其周围殿台分别代表着日月神殿和部洲土地，四塔代表着佛祖的四智，四周围墙象征着铁围山，共同组成了一个佛经所阐述的佛国世界。

普宁寺的假山即位于大乘之阁后四大部洲区域，既是建筑周边环境和道路的依托，也是构成宗教意象的重要组成部分。

普宁寺假山安排在寺庙中轴线上，采用分层叠落的台山形式，共3层，递层而上，既是上下山的大台阶，又是让人驻留观景的平台，在布局上具有明显的对称性，符合寺庙园林叠山的布局特征。

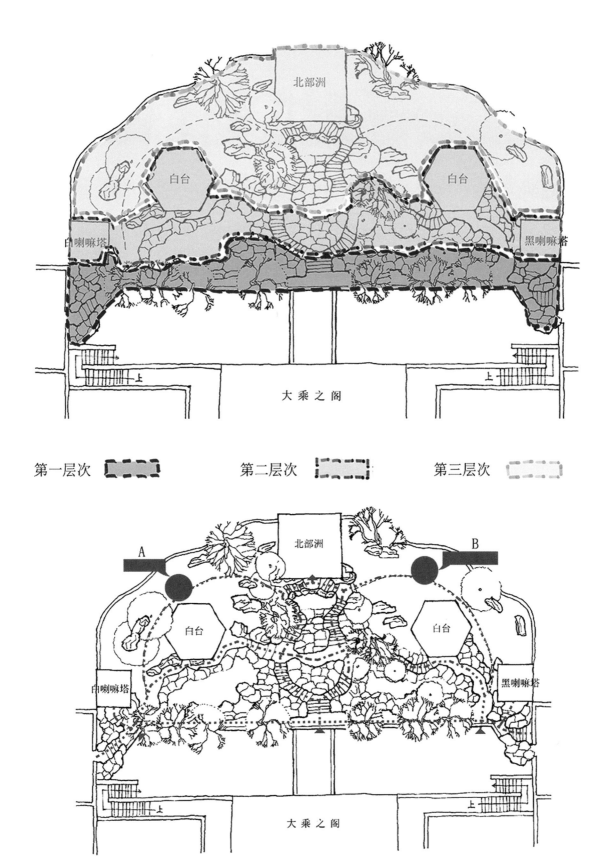

第一层次　　　　　第二层次　　　　　第三层次

假山道路交通体系图

道路 A 段

道路 B 段

假山的第一个层次是山脉，以石带土，比较低矮，是真山的起点。东、西有两路山石蹬道分别通往白喇嘛塔和黑喇嘛塔，共同形成了整个假山的第一个层次。东、西两条上山蹬道分别把白喇嘛塔和黑喇嘛塔与白台串连起来，蹬道与建筑巧妙组合，并通过一条东西向叠石蹬道把两个白台连接在一个平台上，从而形成假山的第二层次。从第二个层次的蹬道与中间主峰左右两侧的山石蹬道连接，并曲折通往北部洲，假山主峰结合北部洲成为整个寺庙的制高点，从而形成假山的第三个层次。

普宁寺假山的道路体系共为6条，山脉起点一条东西向游路，左右各一条蹬山道，中轴两路山道直达北部洲（赛宝天王殿）。在现场踏勘中，我们还发现北部洲以北、围墙以南有一条游路的痕迹，但是走向不是很明确，需要进一步考证。

三、普宁寺假山现存的险情和问题

1. 普宁寺假山第一层年久失修，山石松散结合材料失效脱落，大量处于本层上部的山石塌落，并有继续发展的危险。现场勘查有8处较为明显的坍塌点，主要处于假山第一层南侧。（见下图）

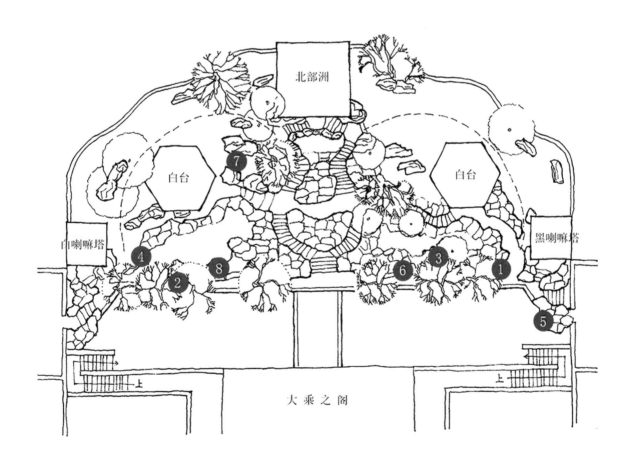

现场山石散落

现场山石纹理不一

现场山石散落

现场山石散落　　　　　　　　　　　　　　　　现场山石散落

2. 作为立峰的山石倒伏或断裂。主要分布于道侧和围墙边，现场勘查有 7 处较为明确的倒伏立峰。（见下图）

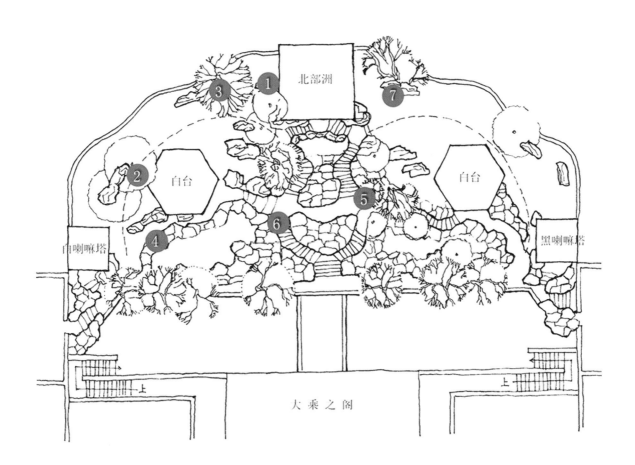

立峰倒伏　　　　　　　　　　　　　　　　立峰倒伏

竖峰倒塌　　　　　　　　　　　　　　　　峰石散落

3. 假山中央上层主峰被推平，改成了安放香炉的平台，与历史照片相比，假山明显缺少了制高点，严重破坏了遗产的真实性和完整性，此系人为破坏。（见下图）

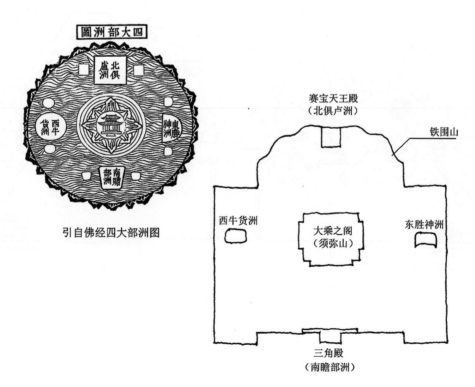

引自佛经四大部洲图

现状假山侧面

老照片上假山侧面

原老照片上的主峰

主峰被拆平

现状主峰

4. 大量预留的树穴空置，并遭人为破坏。（见下图）

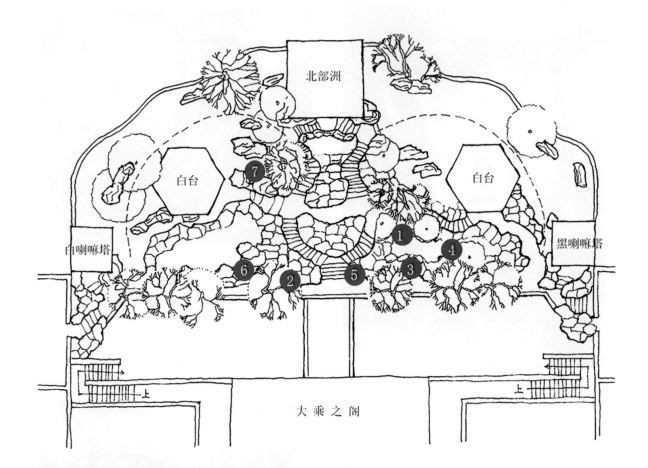

树穴空置

遭到踩踏的空置树穴

完工照片

四、修缮措施

1. 清理第一层护坡假山，归安倒塌的山石，增加结合材料。

2. 扶正倒伏的立峰。

3. 主山峰要按老照片进行恢复，同时清理后期搬来的用于堆平台的新添山石。

4. 清理和归安树穴。

完工照片

1-1 原 状（坍塌、杂草丛生）

1-2 原 状（崩落掩埋）

1-3 树根清理

1-4 杂草浮土清理

1-5 勘察分析

1-6 备 料

1-7 山石吊装

1-8 满打垫石

1-9 青灰勾缝

1-10 完 工

立峰断裂

归安断裂的立峰

立峰范例

立峰倒伏

归安立峰

立峰范例

1–11 立峰归安

1–12 立峰归安

假山修复前现状立面

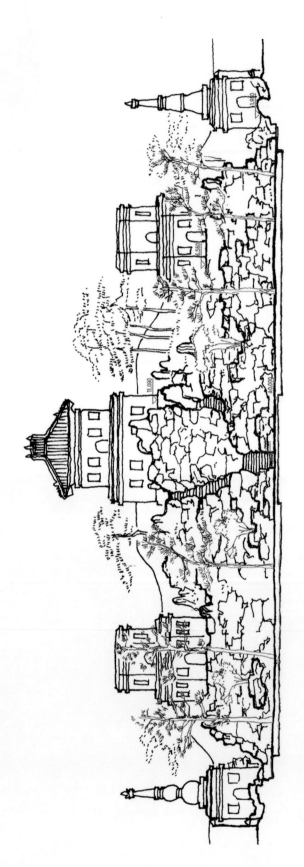

假山修复后立面图

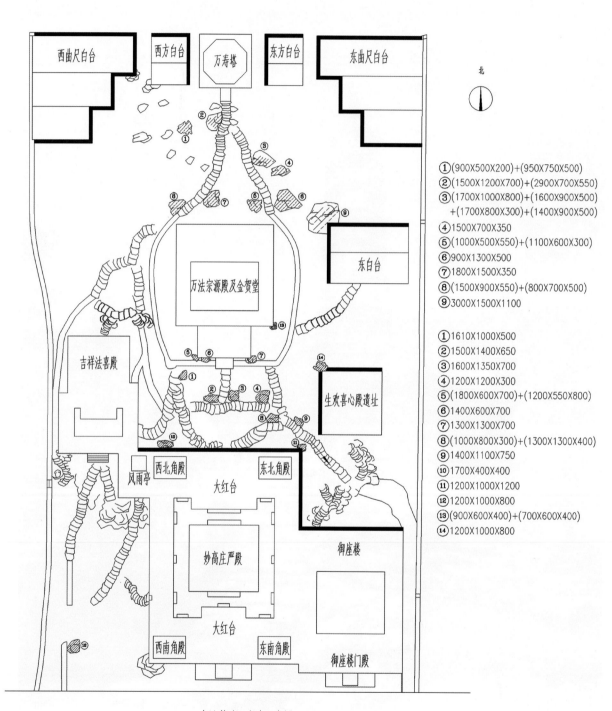

北

①(900X500X200)+(950X750X500)
②(1500X1200X700)+(2900X700X550)
③(1700X1000X800)+(1600X900X500)
　+(1700X800X300)+(1400X900X500)
④1500X700X350
⑤(1000X500X550)+(1100X600X300)
⑥900X1300X500
⑦1800X1500X350
⑧(1500X900X550)+(800X700X500)
⑨3000X1500X1100

①1610X1000X500
②1500X1400X650
③1600X1350X700
④1200X1200X300
⑤(1800X600X700)+(1200X550X800)
⑥1400X600X700
⑦1300X1300X700
⑧(1000X800X300)+(1300X1300X400)
⑨1400X1100X750
⑩1700X400X400
⑪1200X1000X1200
⑫1200X1000X800
⑬(900X600X400)+(700X600X400)
⑭1200X1000X800

假山堆砌、归安示意图

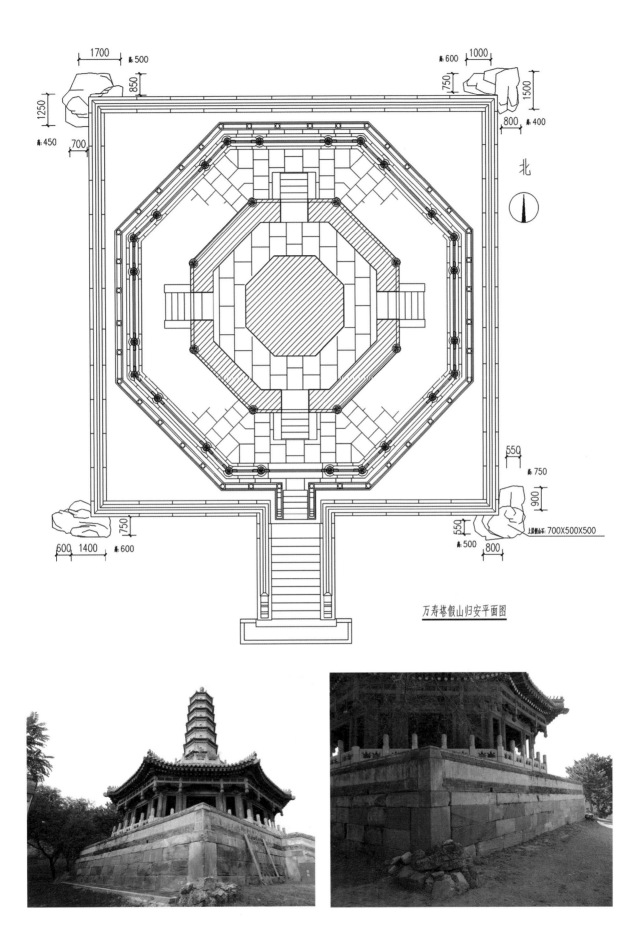

万寿塔假山归安平面图

北

上层假山石: 700X500X500

毛石护坡

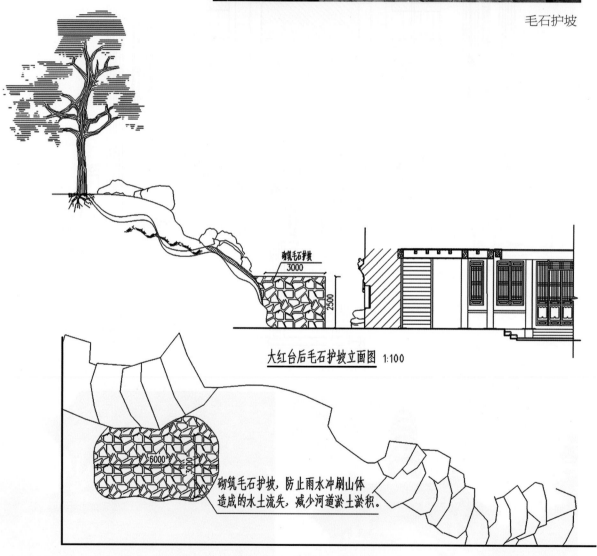

砌筑毛石护坡，防止雨水冲刷山体
造成的水土流失，减少河道淤土淤积。

大红台后毛石护坡立面图 1:100

大红台后毛石护坡平面图 1:100

修缮说明

一、历史沿革

须弥福寿之庙建于乾隆四十五年（1780），正处于清朝的鼎盛时期。乾隆皇帝70岁诞辰寿日，后藏政教首领六世班禅额尔德尼来避暑山庄祝寿。为了隆重接待班禅，特仿班禅所居的日喀则扎什伦布寺的形式，兴修了须弥福寿之庙，是外八庙中落成最晚的一座寺庙。由于建庙是为了接待班禅，所以又俗称"班禅行宫"。

须弥福寿之庙中，主要建筑生欢喜心殿于20世纪30年代损毁，除此之外，整个庙宇还是比较完整地保留了下来。1961年，由中华人民共和国国务院公布其为全国重点文物保护单位。1976年，国务院拨专款对其进行了重点整修。

二、历史格局

整个庙宇占地面积3.79万平方米，自南而北有山门、碑亭、琉璃牌坊、大红台、妙高庄严殿、金贺堂、万法宗源殿、琉璃万寿塔等主要建筑，沿一条较明显的中轴线采取左右基本对称的排列布局，根据地形起伏进行了相应调整，打破了传统寺庙较为呆板的布局形式。庙中假山在山地上进行叠石，将真山与假山融为一体，同时也依托院落成基本对称布局，以少许的错置为变化。

妙高庄严殿

须弥福寿的假山叠石之碑亭后沿道路陆续延伸至琉璃万寿塔，大体可分为五处，琉璃牌坊南部（A区），大红台西部（B区），大红台东部（C区），金贺堂南部及西部（D区），琉璃万寿塔南部（E区）。

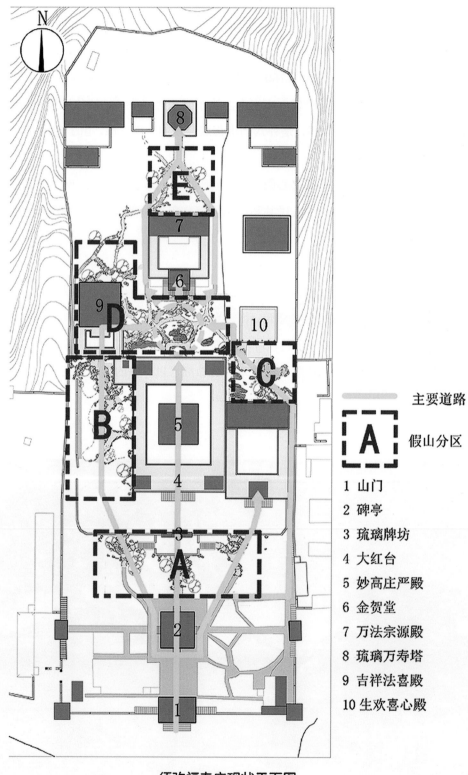

须弥福寿庙现状平面图

须弥福寿的五个区域假山除 D 区金贺堂前叠石主要作为庭院中的景观外，其余均为道侧的点景和收边。同时，B 区、C 区和 D 区高差较大，假山也兼做护坡驳坎使用。同时有真山石融于假山叠石中，自然巧妙。

三、须弥福寿之庙假山现存的险情和问题

A 区：道侧有两组山石因基础不均匀沉降，造成叠石裂缝。（见下图）

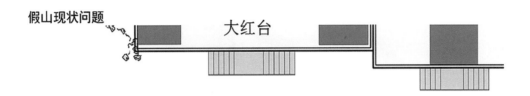

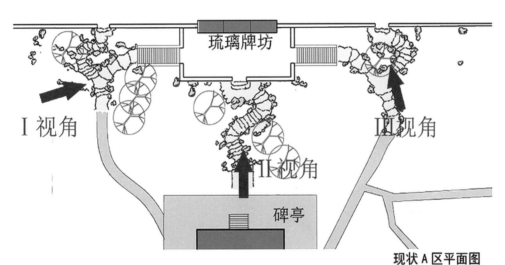

现状 A 区平面图

现状 A 区东面的假山（Ⅰ视角）

现状 A 区中部的假山（Ⅱ视角）

现状 A 区西部的假山（Ⅲ视角）

A 区西部假山的老照片

水泥勾缝处已出现裂缝

基础不均匀沉降，造成叠石裂缝

　　B区：道路西侧护坡由叠石组成。护坡叠石最南侧有两处叠石已塌落，引起土坡坍落。（见下图）塌落的叠石位于护坡上部，现场勘察未见明显的整体基础问题，此处为大红台西侧主要道路，人流较大，破坏原因应与人为因素有关。

B区:

1、叠石选材:几处道路转折处的障景叠石,片状石料和块状石料混杂使用,叠石纹理混乱,豪无形式可言。参照老照片,叠石应以横向纹理为主,其中少量的块状石料应为叠石下部的基底石。石料以冷色调的青石为主,但其中掺杂了个别的暖色火红岩,破坏整体色彩协调。

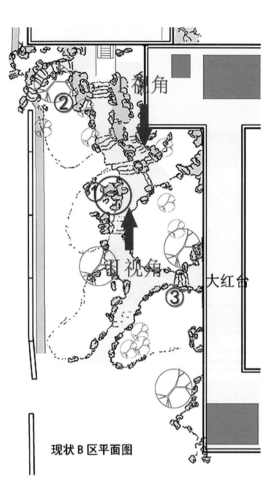

现状B区平面图

俯视B区道路(I视角)

B区道路及假山(II视角)

①护坡叠石塌落,引起泥土滑落

②护坡叠石塌落,引起泥土滑落

③假山严重开裂

C 区：道路转折处有一处叠石上部坍落，现状落石仍在近处。（见下图）

C 区：

　　整体保存最好，只有道路转折处的部分叠石上部坍塌，生欢喜心殿遗址前的假山叠石其上部坍塌叠石尚保留在原处。

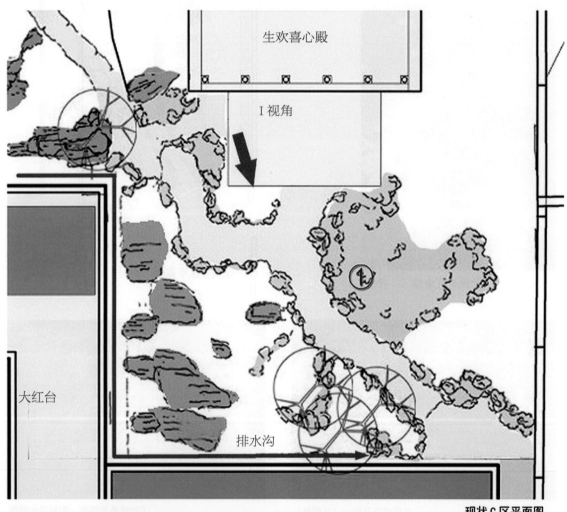

现状 C 区平面图

C 区道路和假山的关系（I 视角）

C 区倒塌的假山石

D区：大红台后排水沟上方西段护坡假山塌落，成为文物建筑的安全隐患。（见下图）

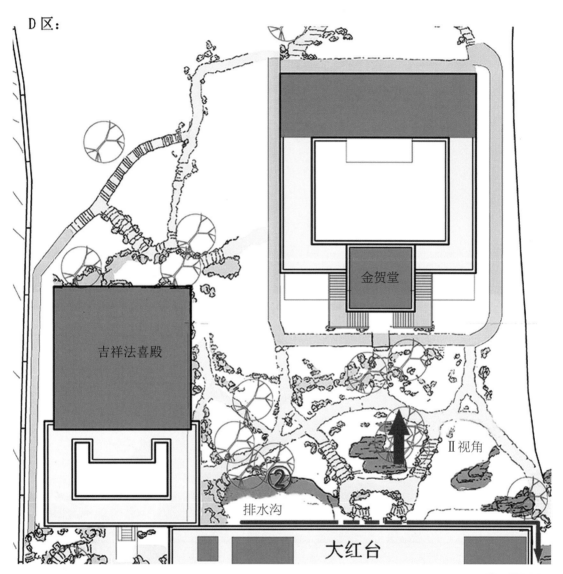

现状D区平面图

D区老照片中的被破坏的假山

D区假山遗址（II视角）

1、护坡塌落：大红台后墙正对的护坡，下部为本山岩石，上部只有部分的叠石压顶，其余部位土坡土质疏松、滑落。而后墙和护坡之间为排水道，土滑落至底部易造成排水不畅，且影响景观。吉祥法喜殿后部石路由于未做护坡，旁侧土质疏松后滑落，覆盖了部分路面。

假山护坡松动，土坡坍塌

吉祥法喜殿后土质疏松滑落，覆盖部分路面

下部为本山岩，上部为叠石压顶

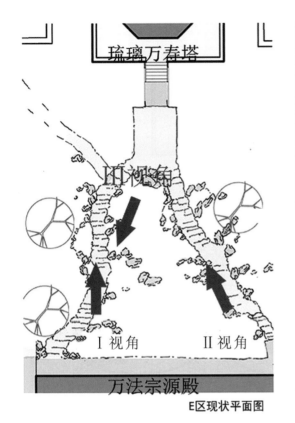

E区现状平面图

现存的道路（Ⅰ视角）

现存道路和测岩石（Ⅲ视角）

现存道路和测岩石（Ⅱ视角）

E区：

1、叠石上部塌落、石料遗失：从现场遗存状况和庙内叠石特点分析，石路弯折处原有叠石障景，但已塌落，只留存了叠石的下层；路边侧沿石也缺失较多，本应依道路延伸，具一定的护土功能。

　　大红台后墙正对的护坡，下部为本山岩石，上部为叠石护坡，由于护坡山石坍塌，造成土坡滑落。而后墙和护坡之间为排水道，土滑落至底部易造成排水不畅，且对文物建筑安全形成威胁。（见下图）

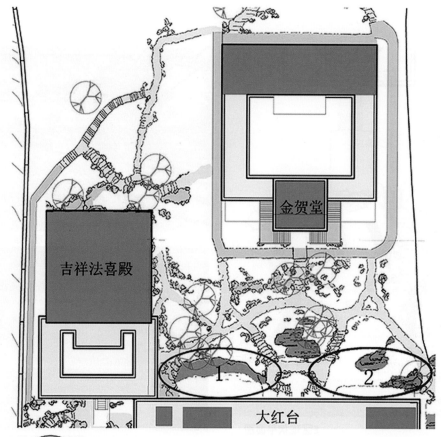

标记 1 处护坡坍塌底部现状照片   标记 2 处护坡坍塌现状照片

四、修缮方法

A区：针对开裂部分以传统材料勾缝。

B区：清理滑落的土粒和假山石，并对落石进行归安，同时对沿登山道护坡进行灌缝加固，保障安全性。

C区：归安落石并以传统材料勾缝。

D区：清理落土和落石，归安驳坎山石，为防止山石的滑动，所做叠石底部应利用榫卯与山岩连接，坎石内灌浆加固。

完工照片

2-1 原 状（坍塌、掩埋、杂草丛生）　　　　　　2-2 清 理

2-3 山石吊装　　　　　　　　　　　2-4 山石堆砌

2-5 打垫石　　　　　　　　　　　　　　　　2-6 青灰勾缝

2-7 完　工

第三节　普陀宗乘之庙假山

修缮说明

一、历史沿革

乾隆三十五年 (1770) 是乾隆 60 大寿之年，次年是皇太后钮祜禄氏 80 寿辰。乾隆异常重视这两次盛大集会，为接待藏、疆、蒙等各族王公贵族，特令内务府仿达赖驻地拉萨布达拉宫在承德修建此庙，后作为接见重要少数民族使臣、藏经等用途。普陀宗乘即布达拉的汉译。普陀宗乘之庙于乾隆三十二年 (1767) 三月开工，至三十六年 (1771) 八月竣工。

二、历史格局

全寺平面布局分为四个院落：第一院落位于山坡，以碑亭为中心，由山门、五塔门和寺庙围墙围合而成；第二院落由五塔门、琉璃牌坊和寺庙围墙围合而成；园林、僧房、白台等组成第三个院落；第四院落部位于山巅，布置大红台和房堡。

第一院落、第二院落的道路是基本对称的格局。第三院落沿第二院落道路蜿蜒曲折向上延伸，在总体对称的基础上又根据山势和园林布局进行灵活设置。

主要假山存在于普陀宗乘第三院落的园林中，叠石主要位于道路附近，假山凭借原有的山势向上堆砌，采用真山和假山结合的方式。

现存关于普陀宗乘之庙的资料中，与假山相关的较少，尤其是有关的影像资料，目前可做参考的有《热河志》中的图片及《避暑山庄清全景图》相关的局部；较有参考价值的是，德国建筑师恩斯特·柏石曼（Ernst Boerschmann）在 20 世纪 20 年代和日本关野贞在 20 世纪 30 年代分别拍摄的照片。

第四院落

第三院落

第二院落

第一院落

中轴线

《避暑山庄清全景图》局部中的普陀宗乘庙

○ 假山主要存在的区域

日本关野贞拍摄的历史照片

全寺平面布局整体变化不大，主要建筑保存较好，但不少次要建筑部分主体已不存在。第一进院落基本完整，第二进院落原有的封闭格局被打破，第三进院落原先包围中心园林的白台群建筑，现在已经不能保持原来的围合。

原来通过层层叠叠院落的步行系统已经被打破，尤其是在第二进院落，新增加的车行道路，破坏了院落格局；第二三进院落间的原始道路基本不存在，现有道路根据车行坡度设置，与原有院落和轴线缺乏联系。

因为第三院落部分白台建筑损毁严重，园林部分的面积比老照片中显得增大许多，场地以简单的绿化为主，原有依托山势道路的假山基本坍塌，山石缺失，风貌不存。

三、普陀宗乘之庙现存的问题

1. 普陀宗乘整体院落关系遭到了一定破坏，道路体系改变严重；导致原来依托道路布置的假山破坏严重。后期的改建较多，原来的山石大多已经不在原位，现在假山的维修考证难以找到依据。（见下图）

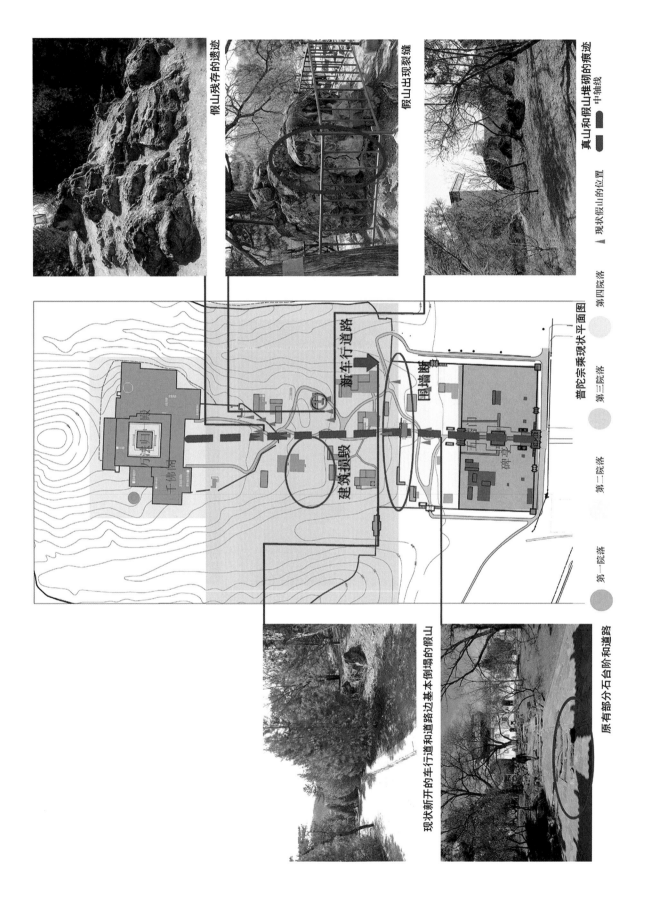

假山残存的遗迹

假山出现裂缝

真山和假山堆砌的痕迹

中轴线

▲ 现状假山的位置

第四院落

普陀宗乘现状平面图

第三院落

新车行道路

建筑损毁

围墙墙

第二院落

第一院落

现状新开的车行道和道路边基本倒塌的假山

原有部分石台阶和道路

现状道路铺装

现状被土掩埋的假山石

现状倒塌的假山石

现状第三院落的假山石

现状车行道

现状两条直冲建筑的道路

琉璃牌坊和残存的围墙

房屋缺失处被种上了树

现状第三院落的假山石

假山石缝修补完工

山石归安前原状

山石归安施工中

山石归安施工后

2. 中部有一组山石开裂较为严重，系因假山石体积较大，基础不均匀沉降造成。由于普陀宗乘之庙的院落关系被破坏，在历史依据不足的情况下，大量假山遗址不考虑恢复。对严重开裂的组石进行扶正归安，采用传统材料勾缝。

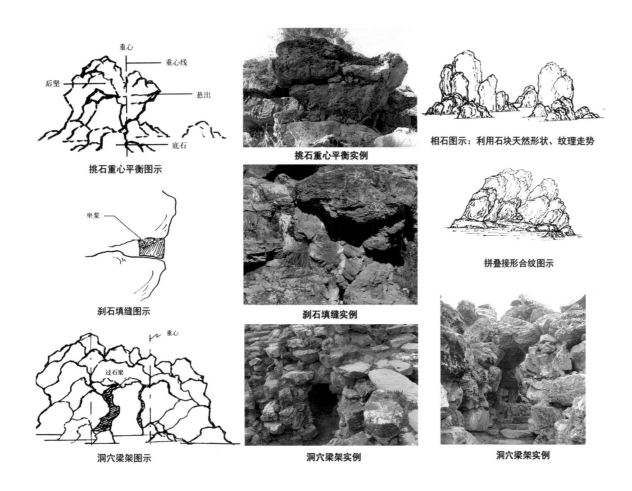

挑石重心平衡图示   挑石重心平衡实例   相石图示：利用石块天然形状、纹理走势

剎石填缝图示   剎石填缝实例   拼叠接形合纹图示

洞穴梁架图示   洞穴梁架实例   洞穴梁架实例

拓缝范例

勾 缝

完工照

完工照

完工照

完工照

完工照

第四节　附　录

普宁寺大乘之阁（千手千眼佛）

普宁寺主体建筑大乘之阁居中矗立，象征须弥山，两侧有日月，周围有部洲山，总体就像一架大型车乘，由大海承载，日月旋轮，滚滚向前，永不止息。大乘之阁面阔七楹，进深五间，主体部分栽设两圈通柱形成三层垂直框架，上下贯通。大乘之阁正面外观为六檐五层；六檐代表佛家六合，即天、地、东、西、南、北；侧面外观为五檐五层，代表地、水、火、风、空；背面外观四层，代表四种曼陀罗。

普宁寺的精华在主体建筑大乘之阁，而大乘之阁的精彩部分又在它所供奉的千手千眼观世音菩萨。大佛造型匀称，表面全部饰以金箔，纹饰细腻，绘色绚丽，生动地表现了观世音菩萨的表情和神采，是我国雕塑艺术的杰作。

这尊佛像高27.21米。其中须弥底座高为1.22米。须弥底座上莲花底座至无量光佛顶部高度为22.29米，底下3.7米。大佛腰围15米，重量为110吨，仅头部就重达5.4吨，是目前世界最大的木雕佛像，已载入吉尼斯世界纪录。

大佛全部为木结构，腰部至莲花座用15根木柱来支撑大佛上部。正中使用1根柏木中心柱，4根戗柱，10根边柱，中心柱直达大佛顶部，其它14根戗、边柱直达大佛腰部隔板；中心柱位于大佛正中高22米，由两节柱墩连接而成，是整个大佛的骨架。骨架外围以木板雕刻衣纹，整尊佛像使用松、柏、榆、椴、杉5种木材约120立方米拼制而成后，分三层雕刻成型的。大佛共有42只手臂，除去合掌的双手外，其余40只手都持有法器。

42只手的名称和用途如下：1. 施无畏手，除一切众生怖畏。2. 持日手，极眼暗无光者。3. 持月手，救患热病令清凉。4. 宝手，为众生官位者。5. 宝箭手，令善友早相遇。6. 净瓶手，为求生梵天者。7. 杨枝手，除种种病难。8. 白拂手，除一切恶障。9. 宝瓶手，为调和眷属。10. 盾牌手，辟一切恶兽。11. 钺斧手，除一切王难。12. 骷髅宝杖手，役使一切鬼神。13. 数珠手，能得一切佛接引。14. 宝剑手，降服一切鬼神。15. 金刚杵手，摧伏一切怨敌。16. 铁钩手，能令龙王拥护。17. 锡杖手，慈悲覆护一切众生。18. 白莲花手，成就种种功德。19. 青莲花手，为生十方净土。20. 紫莲花手，能见十方诸佛。21. 红莲花手，能令生天。22. 宝镜手，成就大智慧。23. 宝印手，成就大辩才。24. 顶上化佛手（两手），为得诸佛摩顶受记。25. 合掌双手，能令一切人及鬼神爱敬。26. 宝箧手，能令土中伏藏。27. 五色云手，能速成佛道。28. 宝戟手，能辟除怨贼。29. 宝螺手，号令天神。30. 如意宝珠手，能令富饶。31. 绢索手，能令安稳。32. 宝钵手，能令身份安稳。33. 玉环手，令得仆役。34. 宝铎手，令得上妙音声。35. 五股杵手，能降伏天魔外道。36. 化佛手，生生不离佛。37. 化宫殿手，生生在佛宫殿中，不受胎生。38. 宝经手，令博学多闻。39. 金刚轮手，直至成佛终不退转。40. 蒲桃手，令稼谷丰收。

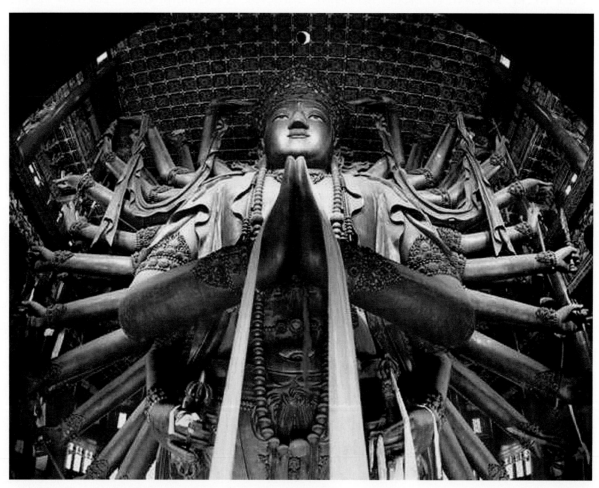

千手千眼观世音菩萨

执手法器

须弥福寿之庙（万寿琉璃塔）

　　此塔为七层八角密檐实心塔。建于乾隆70高龄的1780年，仿照杭州六和塔形制而建。白台基座，围以隋式石雕栏杆，设有广阔木廊。塔身黄绿琉璃相间，镶嵌56尊无量寿佛，寓意乾隆皇帝万寿无疆。佛塔巍踞山巅，如佛居须弥，风铃轻吟间，如诵经不息。

无量寿佛

胸部特写

腕部特写

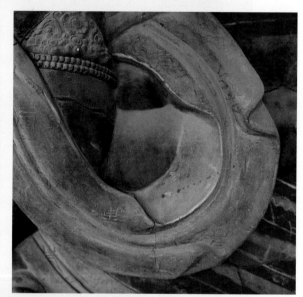

肘部特写

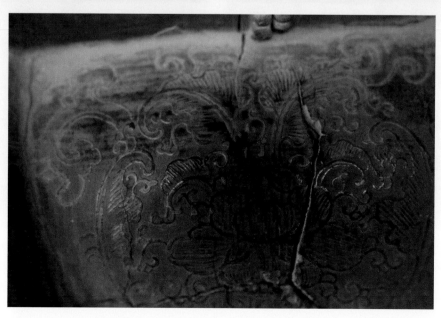

腿部特写

无量寿佛

无量寿佛

肩部特写

莲花座特写

无量寿佛

第五章

避暑山庄【清代】御路

古建修缮

避暑山庄概述

  避暑山庄，俗称承德离宫，原名热河行宫，位于承德市区北部，南距北京 200 公里。地理坐标为东经 118°、北纬 41° 的交汇点，占地面积 5.64 平方公里，约 8400 亩地，周围宫墙厚 1.3 米，长 20 华里。是我国现存最大的皇家园林和名胜景区，始建于康熙四十二年（1703），完工于乾隆五十七年（1792），历时 89 年，建亭、台、楼、榭、廊、桥、轩、阁、斋、庙、塔、殿等景观 190 余处，尤以康、乾御题 72 景昭著。避暑山庄，以山为骨，以水为脉，以绿为肤，以文为魂；造园融中国南北风格为一体，名胜集全国各地为一园，形貌如中华成一统，兼具南秀北雄之美，是中国园林史上辉煌的里程碑。1994 年，经联合国教科文组织世界遗产委员会审定，列入《世界文化遗产名录》。

  一、修建缘起

  1. 适宜的政治活动中心：康熙皇帝每次北巡，一般要在塞外游驻 2 ～ 5 个月的时间。北巡队伍浩大，少则几千，多则两三万人，清廷各部大员随驾，中央首脑机关随之从京师转移塞北。皇帝出巡，礼仪排场浩繁，需要大量军用和生活物资。所以，在塞北地区择地修建一处具备供皇帝游逸、办公、庆典的功能大型行宫，成为北巡一系列活动的中心，是非常必要的。

  2. 重要的历史地理位置：历史上，热河所处的滦河、伊逊河流域是华北通向蒙古草原的水路干线。古北口—热河—围场线路是北京通往漠北、东北的重要交通线。清张廷玉在《御制避暑山庄三十六景诗恭跋》中说：热河"至京师至近，章奏朝发夕至，综理万机，与宫中无异"。康熙帝在京师通往漠北交通干线上的"襟喉"地带修建宫苑，以为怀柔蒙古、习武绥远之用，达到巩固政治的目的。在当时的历史条件下，热河的地理"地利"因素是非常重要的。

  3. 良好的自然生态环境：清代，热河一带森林覆盖率可在 50% ～ 70% 之间，古松巨柏、杨柳榆槐漫山遍野。长城以北大面积的原始森林、草地和纵横交错的河流，使得塞北地区雨量充沛，气候凉爽，自然生态环境比内地优越得多。

  4. 优越的宫廷造园条件：山庄所处区域，地形富于变化，具备各种不同的造园要素。是从西部广仁岭向东延伸出来的山岭，东邻武烈河，南北分别是季节性河流——西沟旱河和狮子沟旱河。三面傍水，一面连山，此所谓"相地合宜"。可以圈进山庄之内的山峦俱有"横看成岭侧成峰，远近高低各不同"的风貌。且"山中富流泉，随处皆可引"；不必圈入山庄的群山，千姿百态，皆可借与山庄对景。康熙皇帝认为：此地"金山发脉，暖流分泉。境广草肥，无伤田庐之害；风清夏爽，宜人调养之功。自天地之生成，归造化之品汇"，最宜造园。

二、历史沿革

清康熙二十年（1681），设置木兰围场，以"习武绥远"，训练军队，团结边疆少数民族，即历史上的"木兰秋狝"。康熙四十年（1701）冬，康熙皇帝祭祀东陵后赴喀喇河屯途中，决定在热河上营附近辟治园林，兴建离宫。康熙四十一年（1702），康熙皇帝由太后、皇子和大臣们陪同从喀喇河屯赴热河下营，从这里出发，为建立行宫而亲自踏勘。

康熙四十二年（1703）至康熙四十七年（1708），山庄营建第一阶段。康熙四十二年，大规模造园工程正式开始，重点是开拓湖区。至康熙四十七年，避暑山庄初具规模，已经具备了早期十六景。

康熙四十八年（1709）至康熙五十二年（1713），山庄营建第二阶段。康熙四十八年起，修建正宫，开辟东湖。康熙五十年（1711），康熙皇帝亲题"避暑山庄"四字悬于正门，并撰写《避暑山庄记》，避暑山庄正式得名，至此康熙三十六景全部完成。康熙五十二年，重建虎皮宫墙。

乾隆六年（1741）至乾隆十九年（1754），山庄营建第三阶段。乾隆六年，乾隆皇帝恢复"木兰秋狝"，避暑山庄开始扩建，维修原有建筑，翻修正宫，新建福寿园。至乾隆十九年，乾隆三十六景全部完成，同康熙三十六景一起，合称避暑山庄七十二景。

乾隆二十年（1755）至乾隆五十五年（1790），山庄营建第四阶段。乾隆二十年起，增加建设湖区平原区建筑，同时兴建周围寺庙。乾隆二十五年（1760）起，重点经营山区，修建园林 14 座，寺庙 9 座。至乾隆五十七年（1792），避暑山庄的浩大工程基本完成。

木兰围场

嘉庆时期有个别建筑迁建。道光以后，因"秋狝礼废"，避暑山庄逐渐衰落萧条。咸丰十年，八国联军入侵北京，咸丰皇帝到承德避难一年，维修了一些建筑和桥梁，在烟波致爽殿签署《北京条约》，后病死在避暑山庄。同治元年（1862），慈禧太后下谕旨，令"所有热河一切未竟工程，著即停止"。此后，园林荒芜，建筑失修，河道淤塞，林木被盗伐，盛极一时的避暑山庄和周围寺庙衰落下来。

　　清末至民国十三年（1924），避暑山庄由于年久失修多处残破损毁。但每年仍有几千两的维修经费用于河道清淤，宫墙修补。

　　民国期间，战乱频起，避暑山庄先后被各种势力占据，惨遭浩劫。据不完全统计，其间共拆毁、焚烧、破坏古建筑房屋 450 余间，砍伐古松 4400 余棵，避暑山庄和周围寺庙中珍贵文物被大量盗卖。此外，在避暑山庄内修建的战壕、碉堡、兵营，使园林与建筑受到严重破坏。至 1950 年，避暑山庄七十二景，仅存七景，其余建筑仅存十余组，所剩不足原有景观的十分之一。

　　1961 年，国务院公布避暑山庄和周围寺庙中的普宁寺、普乐寺、普陀宗乘之庙、须弥福寿之庙为全国重点文物保护单位。1976 年～2005 年，对避暑山庄进行了三个十年整修规划，整修园林，修缮建筑，疏理水道。避暑山庄内已修复因历史原因消失的七十二景共 15 项，其余景观 20 项。

　　清康乾时期，避暑山庄内道路形式有 6 种：条石路、冰纹路（碎拼石板路）、方砖石子路、土路、青砖路、山石蹬道。这些道路有不同的等级、功能和做法，在避暑山庄园林应用中有着明显的区别，说明在营建道路时经过了精心规划和设计。

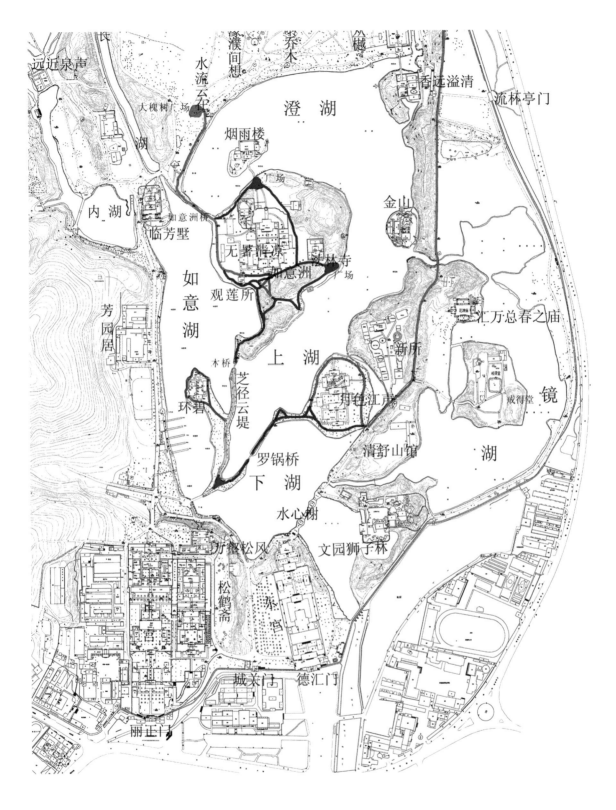

远近泉声
水流云在
澹濠间想
乔木
槭
香远溢清
流林亭门
澄 湖
大槐树广场
烟雨楼
内 湖
湖
金山
临芳墅
如意洲桥
无暑清凉
观莲所
青莲寺
如意洲
如意湖
芳园居
汇万总春之庙
上 湖
新所
戒得堂
木桥
芝径云堤
月色江声
镜
环碧
清舒山馆
湖
罗锅桥
下 湖
水心榭
文园狮子林
厂殿松风
松鹤斋
东宫
城关门
德汇门
丽正门

避暑山庄平面图

冰裂纹御路

方砖石子御路

条石御路

条石老御路

条石老御路

冰纹石板路

方砖石子路

第一节

条石路（金山路、水流云在至观莲所、芝径云堤老御路）

修缮说明

　　避暑山庄的条石路，也称作条石御路，是避暑山庄内等级最高的园林道路，也是避暑山庄内的主路，一般只用于大景区间的连接道路。分析建造时考虑节省施工和运输成本及配色问题，几乎全部采用承德本地的红砂岩制作。

　　红砂岩为浅红色，成分主要为石英、长石、岩石碎屑，中—细粒结构，分选性好，发育平行层理和斜层理。其密度小、硬度低、易加工，容易出现的问题如下：

　　1. 开裂：出现在表面的线状开裂，并延伸至石材内部。

　　2. 碎裂：大量深入材料内部的平行裂缝，通常走向一致，导致石材结合力丧失。

　　3. 粉化：颗粒间结合力丧失，以外表易碎及极小机械作用即可造成材料破坏为特征。

　　4. 片状剥落：石材小片或大片剥离，剥离层平行于石头表面。

　　5. 侵蚀：磨损及物质缺失，导致表面凹凸及圆滑边缘。

　　避暑山庄道路在经历了三百多年的风风雨雨后，各代几经维修，民国至1949年前避暑山庄道路损毁严重。新中国成立后在社会各界及文物部门的努力下，避暑山庄道路得以维修，但是也多为局部的修修补补，一些地段的道路残坏严重，个别区域已不是原貌，尤其是核心景区内的很多区域被改成了与古典园林极不协调的水泥或者柏油道路；大量价值极高，代表避暑山庄典型造园风格的清代道路残坏严重，得不到必要的保护和修缮。使避暑山庄变成了现代公园，严重影响了避暑山庄的真实性和完整性。

　　作为一座历史园林，避暑山庄的清代道路是构成避暑山庄的主要园林要素之一，是避暑山庄文化价值与艺术价值的载体，所以也是避暑山庄文物本体的重要组成部分和保护对象。

　　本方案全面综合考虑避暑山庄各类清代道路类型、做法、设计规律、艺术价值、保存状况，从价值评估、现状评估和考古调查入手，通过全面研究历史文献档案，在《避暑山庄周围寺庙文物保护总体规划》的框架下，对避暑山庄清代道路进行全面保护和修缮。

金山路

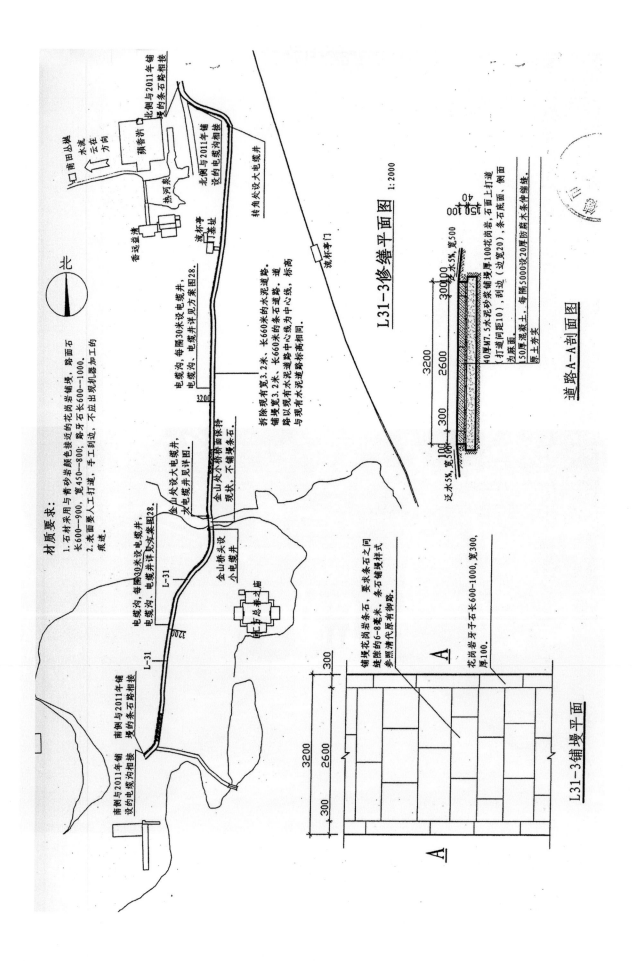

材质要求:

1. 石材采用与青砂岩颜色接近的花岗岩铺墁,路面石长600—900,宽450—800;路牙石长600—1000。
2. 表面要人工打道,手工划边,不应出现机器加工的痕迹。

北侧与2011年铺墁的条石路相接

北侧与2011年铺设的电缆沟相接

转角处设大电缆井

电缆沟,每隔30米设电缆井,电缆井详见方案图28。

电缆沟,每隔30米设电缆井,电缆井详见方案图28。

金山处设大电缆井,大电缆井详图

金山桥头设小电缆井

拆除现有宽3.2米、长660米的水泥道路,铺墁宽3.2米、长660米的条石道路。道路以现有水泥道路中心线为中心线,标高与现有水泥道路标高相同。

金山处小桥桥面保持现状,不铺墁条石。

南侧与2011年铺墁的电缆沟相接

南侧与2011年铺墁的条石路相接

北口 南田公路

水流方向 云在

积香沪

热河泉

香运益沪

流杯亭

T基址

流杯亭门

北

L-31

L31-3修缮平面图 1:2000

300

2600

3200

300

花岗岩牙子石长600—1000,宽300,厚100。

铺墁花岗岩条石,要求条石之间缝隙的6—8毫米,条石铺墁样式参照清代原有御路。

A

A

L31-3铺墁平面

40厚M7.5水泥砂浆铺墁厚100花岗岩,石面上打道(打道间距10),刮边(边宽20),条石底面、侧面为床底

40

宽500

泛水5%,宽500

3200

2600

300

100

泛水5%,宽500

50厚混凝土,每隔5000设20厚防腐木条伸缩缝。

原土夯实

道路A—A剖面图

384

1-1 原 状

1-2 拆 除

1-3 清 理

1-4 打垫层

1-5 条石进场

1-6 铺 墁

1-7 铺 墁

1-8 完 工

天宇咸畅

　　"康熙三十六景"第十八景，建于康熙四十二年（1703），位于澄湖东岸金山岛中部的平台上。为面南正殿，面阔三间，进深三间，四周假山险峻，殿阁亭廊高低错落。此景居高临下，水阔天空，凭窗依栏远眺"积翠中天，层霄紫汉，皆归一览"。故而题名"天宇咸畅"。当年这里是皇帝后妃们来金山上帝阁祭祀休息观赏的地方。

水流云在至观莲所

1-9 原 状

1-10 拆除、清理

1-11 备料、打垫层

1-12 条石铺墁

1-13 红砂岩条石铺墁

1-14 铺　装

1-15 完　工

水流云在

　　康熙三十六景中第三十六景，建于清康熙四十七年（1708），位于澄湖北岸最西处，为一造型结构新颖独特的重檐四角攒尖方亭，四面带歇山抱厦。由"暖流暗波"引武烈河水汇入澄湖处，其势"水连天而澄碧，云映日以浮光"，水流浮云，动静交呈，置身此景，触景生情。康熙帝取杜甫诗"水流心不竞，云在意俱迟"的诗句意境，故题名为"水流云在"。康熙有诗曰："雨后云峰澄，水流远自凝。岸花催短鬓，高年寸寸增。"

芝径云堤老御路

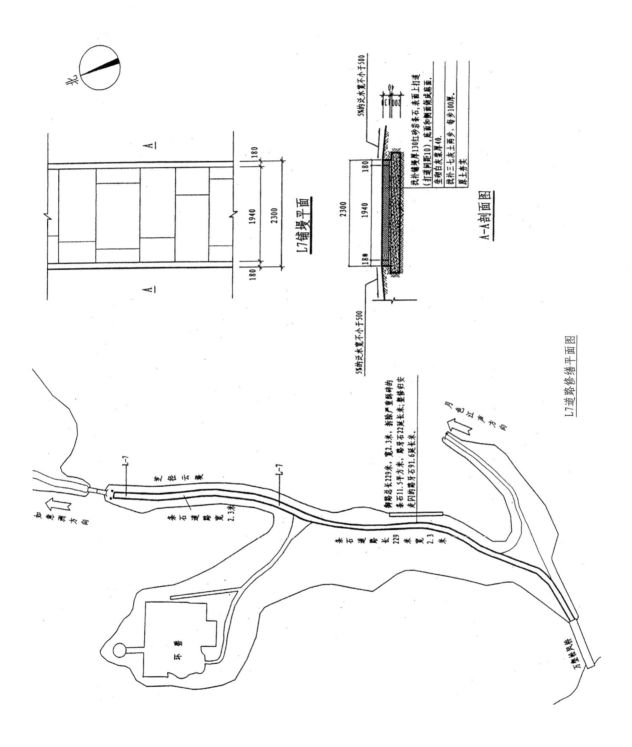

L7 铺墁平面

A-A 剖面图

L7 道路修缮平面图

1-16 原 状

1-18 挖除补配

1-17 测量标记

1-19 剔凿、灰土垫层

1-20 浇浆、铺装

1-21 归 安

1-22 完 工

芝径云堤

　　康熙三十六景中第二景。建于清康熙四十一年（1703）。此景位于上湖和如意湖之间，避暑山庄"万壑松风"之北，为连接月色江声岛、如意州和环碧的纽带。堤仿杭州西湖苏堤形式而筑。长堤逶迤，径分三支，东北通月色江声岛（云朵洲）；中间通如意州；偏西通往采菱渡（芝英洲）。堤穿湖行，为湖区主要风景观赏线。堤岸垂柳成荫，平沙如雪，湖光波影，胜趣天成。康熙在《御制避暑山庄记》中说："夹水为堤，逶迤曲折。径分三枝，列大小洲三，形若芝英，若云朵，复若如意。有二桥通舟楫"。故而题名为"芝径云堤"。康熙有诗曰：

　　万几少暇出丹阙，乐水乐山好难歇。避暑漠北土脉肥，访问村老寻石碣。众云"蒙古牧马场，并乏人家无枯骨。草木茂，绝蚊蝎，泉水佳，人少疾"。

　　因而乘骑阅河隈，弯弯曲曲满林樾。测量荒野阅水平，庄田勿动树勿发。

　　自然天成地就势，不待人力假虚设。君不见，磬锤峰，独峙山麓立其东。

　　又不见，万壑松，偃盖重林造化同。煦妪光临承露照，青葱色转频岁丰。

　　游豫常思伤民力，又恐偏劳土木工。命匠先开芝径堤，随山依水揉辐齐。

　　司农莫动帑金费，宁拙舍巧洽群黎。边垣利刃岂可恃，荒淫无道有青史。

　　知警知戒勉在兹，方能示众抚遐迩。虽无峻宇有云楼，登临不解几重愁。

　　连岩绝涧四时景，怜我晚年宵盱忧。若使扶养留精力，同心治理再精求。

　　气和重农紫宸志，烽火不烟亿万秋。

芝径云堤小桥

第二节
冰裂纹石板路（烟雨楼广场、法林寺广场、观莲所、罗锅桥西至月色江声）

修缮说明

　　冰纹路在避暑山庄里主要用于湖区和平原区连接各景区、景点间的连接道路，一般作为主路或次路使用，路宽由 3.6 米～1.4 米不等。例如万壑松风桥至月色江声的道路、芝径云堤桥至如意洲的道路都是作为景区间的主路。此外，冰纹路也用于庭院内的道路和假山山洞内的海墁，例如现在保留完好的文津阁院内和门前冰纹路，例如青莲岛、文津阁等假山山洞的海墁。

　　青砂岩石板常用来作为冰纹道路，由于也属于砂岩，所以抗风化能力较弱，层理发育，很容易风化，但青砂岩石板耐风化能力稍高于红砂岩。

　　除假山山洞内的海墁，文津阁院内和门前冰纹路保存较好外，避暑山庄其他区域的冰纹路都经过了现代整修，路面铺设青砂岩碎拼石板。

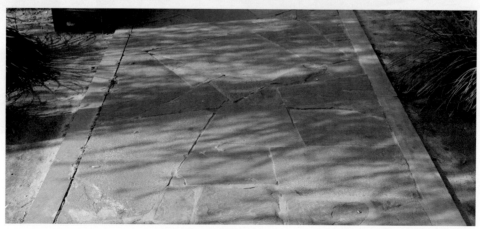

烟雨楼广场

2-1 原 状

2-2 拆除清理

2-3 打垫层

2-4 铺 装

2-5 铺　装

2-6 勾　缝

2-7 完　工

烟雨楼

　　建于乾隆四十五年（1780），在避暑山庄如意洲之北的青莲岛上。楼仿浙江嘉兴南湖（鸳鸯湖）之烟雨楼而建，为两层楼阁。面阔五间，进深三间，回廊环抱。二层檐下中间悬有乾隆御书"烟雨楼"匾额。楼前有门殿三间，楼后临湖有石栏望柱，这里是清帝与后妃消夏赏景之处，楼东建有青阳书屋，是清帝的书房之一。南有方亭名为"朗润"，北有八角亭称"小友佳住"，楼之西建有南北朝向的对山斋，斋北有月门通达湖滨。岛四周的澄湖中植有荷、苇、菱、蒲，郁郁葱葱，常有鸳鸯水鸟漫游，俗有"莲岛""鸳湖"之称。山雨迷蒙的时候，烟雨楼笼罩在雨雾烟云之中，宛若仙山琼阁。

法林寺广场

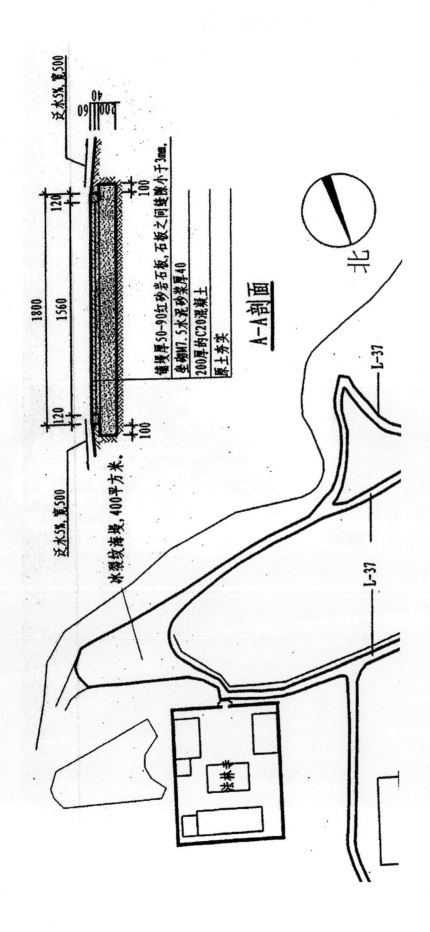

A-A剖面

铺墁厚50-90红砂岩石板，石板之间缝隙小于3mm。
坐砌M7.5水泥砂浆厚40
200厚的C20混凝土
原土夯实

泛水5%，宽500
泛水5%，宽500

水裂纹铺墁，400平方米。

北

L-37

L-37

松林寺

2-8 原 状

2-9 拆除、清理

2-10 垫 层

2-11 铺 装

2-12 清 理

2-13 勾 缝

2-14 完 工

法林寺

　　乾隆三十六景中第十六景，建于康熙四十五年（1706）左右，位于如意洲东南端湖滨旁，称法林寺，为一组庭院式格局的小型寺庙。寺有山门、正殿、配殿和后殿，正殿三间主供佛祖释迦牟尼，东配殿供龙王，西配殿供天神，后殿七间，内供雷公电母风伯雨师诸神，当年帝后嫔妃游玩山庄时，常来此拈香礼佛，康熙帝取佛经梵言般若意，故而题名为"般若相"，被乾隆帝收为三十六景之一景。康熙有诗曰："雁堂小筑竺招提，狮子林如花出倪。无相相中真实相，梵称般若岂无稽。"

观莲所

2-15 原 状

2-16 拆 除

2-17 打垫层

2-18 铺 装

观莲所

　　乾隆三十六景第十四景，建于康熙四十二年（1703），位于康熙三十六景之四"延熏山馆"西南，为一濒湖大型方亭，亭面阔进深各三间，洞窗四开，南北贯通，亭前石阶直达水面，湖中万柄鞭榕，菡萏连天。山庄内湖光辽阔，诸多景色，皆种植莲荷，为此处最盛，置身此景涵光照影，天葩琼蕊，幽香拂面，芬芳四溢，故题名曰"观莲所"。康熙有诗曰："亭亭写照镜池宽，微露承晖意未阑。应是葩仙具神解，每留颜色待人看。"

观莲所室内

罗锅桥西至月色江声

罗锅桥西至月色江声

2-19 原 状

2-20 拆除、清理

2-21 测量、打垫层

2-22 铺 装

2-23 视察指导

2-24 勾缝灰养护

2-25 完 工

罗锅桥

在承德避暑山庄有座很不起眼的小桥，叫罗锅桥。

传说乾隆年间，刘墉考取了功名，因有真才实学，便很快提升为当朝宰相。但刘墉长相实在难看，他是鸡胸，后有驼背"罗锅"。刘墉只有一只眼眼里还有个菠萝花。两条腿一条长一条短，走路一跛一跛的。这个相貌的人常跟在皇上身边，皇上心里实在不是滋味。一次，刘墉跟随乾隆皇上在避暑山庄闲转，乾隆本想奚落刘墉几句，便让刘墉说说他自个的长相如何。没想到刘墉自嘲地说："鸡胸满经纶，背驼负乾坤，单眼辨忠奸，单腿跳龙门，以貌取才者，岂能识贤人。"

乾隆本想让刘墉承认自己长相丑陋，反被刘墉含沙射影地讽谏了一番。乾隆听罢便不高兴地说："好你个罗锅子。"刘墉灵机一动，趁机赶忙跪在皇上面前说："谢主龙恩！"这一句话反倒让皇上不好意思再批评他。

皇上虽然对刘墉不感兴趣，但又不愿意破坏了历代朝内重用人才的规矩。于是，乾隆皇上反倒赏给刘墉纹银千两，而刘墉一向廉洁自律，就拿这些银子在避暑山庄里面修了一座小桥，方便路人行走，这就有了"罗锅桥"一说。

月色江声

　　建于清康熙四十二年（1703），位于避暑山庄正宫东北，是个椭圆形的洲岛，面积1.69万平方米。康熙取意于苏轼前、后《赤壁赋》，每当月上东山，满湖清光，万籁俱寂，只有湖水微波拍岸，声音悦耳，题额"月色江声"。岛上建筑布局采取北方四合院手法，殿宇之间有游廊相连。门殿西有冷香亭，盛夏可坐此亭赏荷。门殿北为静寄山房，是清帝读书处。房后莹心堂，亦为清帝书斋。堂后四合院，康熙帝题额为"湖山罨画"。开窗纵目远眺，湖光山色，罨映如画。门殿外的支柱，看上去似乎歪斜欲倒，实际上却坚牢稳固，这是山庄建筑三绝之一，据说这样的设计出于康熙的授意，寓意"上梁不正下梁歪"，用以警戒群臣。

第三节　方砖石子路（无暑清凉、环碧岛）

修缮说明

　　避暑山庄中有一种特殊的石子路，被称作方砖石子路。这种道路既有方砖路的规整严肃，又有石子路的朴素自然，还可以做出较宽的路面，所以较适宜作为避暑山庄的相邻景点间的连接道路。其中，一种做法是由 1 或 3 路方砖铺设主路，石子作为散水，例如秀起堂至鹫云寺就保存了这样一段完好的单路方砖、石子散水的道路。另一种做法是方砖呈菱形对角铺设，其余部分填补石子，清代避暑山庄里保存最典型的是西岭晨霞通往沧浪屿的一段小路。其路面做法如下：

　　拆除现有石子路路面和混凝土垫层，石子备用。现有道路路宽和走向基本不变。现有路基原土素土夯实，做三七灰土垫层一步，每步厚 150 毫米。水泥砖更换为尺二或者尺四方砖，尽量使用原有路面石子掺灰泥重新铺墁，不足路面石子采用规格接近的补配。石子铺装要求齐整紧凑，不进行勾缝。拆除现有水泥路牙石，更换为开条砖路牙。

无暑清凉

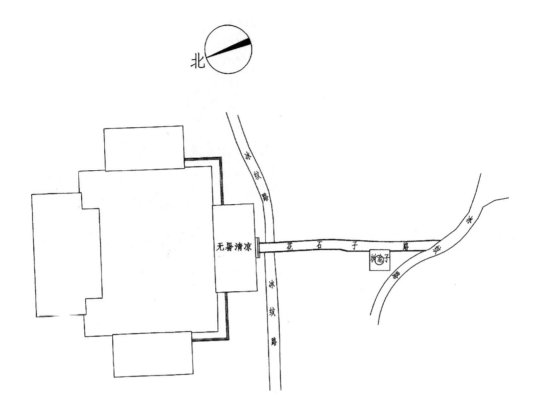

北

无暑清凉

花石子道路位置平面图

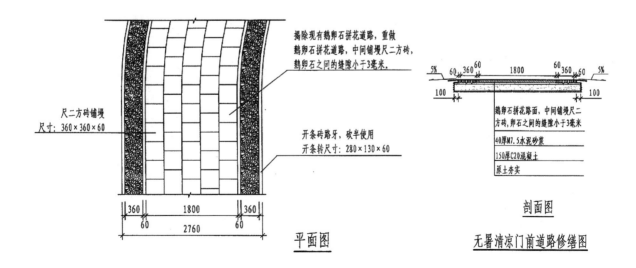

尺二方砖铺墁
尺寸：360×360×60

开条砖路牙，砍半使用
开条转尺寸：280×130×60

360　1800　360
60　　2760　　60

平面图

揭除现有鹅卵石拼花道路，重做
鹅卵石拼花道路，中间铺墁尺二方砖，
鹅卵石之间的缝隙小于3毫米。

5%　60　360　60　1800　60　360　60　5%
100　　　　　　　　　　　　　100

鹅卵石拼花路面，中间铺墁尺二
方砖，卵石之间的缝隙小于3毫米
40厚M7.5水泥砂浆
150厚C20混凝土
原土夯实

剖面图

无暑清凉门前道路修缮图

3-1 原 状

3-2 拆除清理

3-3 垫层、铺装

3-4 嵌石拼花

3-5 清 理

3-6 完 工

无暑清凉

康熙三十六景中第三景。建于康熙四十三年（1704）。位于如意洲岛中央，是岛上一组三进院宫殿建筑群，其门殿面阔五间，在山庄正宫未建成之前，此处是清帝接见文武大臣和少数民族王公首领，批阅奏章，处理朝政的地方。因其地处岗阜，四面皆水，"门当其前，广厦洞辟，不施屏蔽，平流滑笏，远渚铺衾，飞鸟掠波，游鱼吹沫，往来红蕖绿盖间，真觉佛地清凉人天胜境矣！"故而题名"无暑清凉"。康熙有诗曰："畏景先愁永昼长，晚年好静益彷徨。三庚退暑清风至，九夏迎凉称物芳。意惜始终宵旰志，踟蹰自问济时方。谷神不守还崇政，暂养回心山水庄。"

承德避暑山庄 — 澄湖叠翠 无暑清凉

避暑山庄纪念邮票

环碧岛

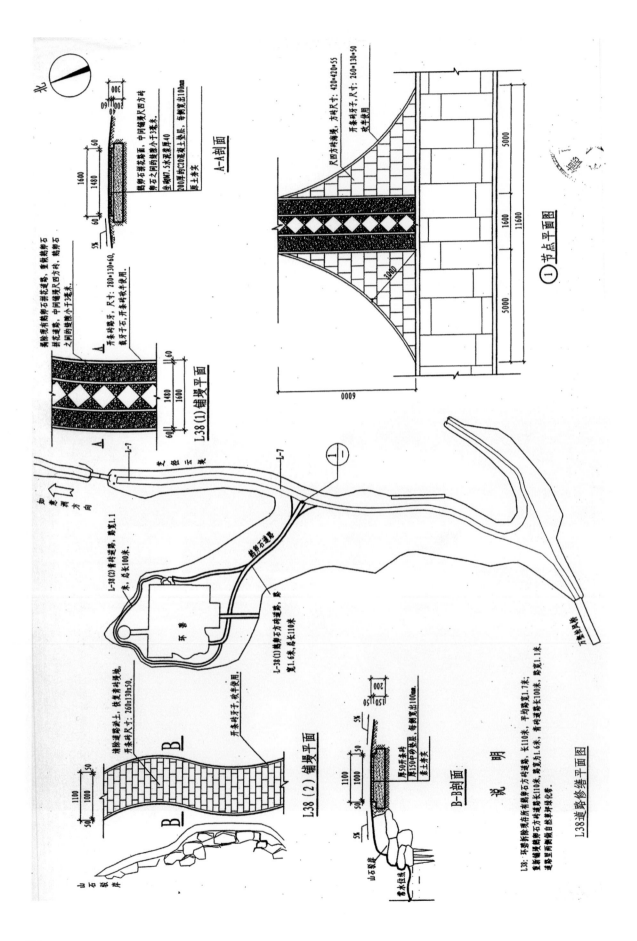

L38(1) 铺墁平面

A—A剖面

① 节点平面图

L38(2) 铺墁平面

B—B剖面

说　明

L38道路修缮平面图

3-7 原 状

3-8 拆 除

3-9 路基清理(树根保留)

3-10 灰土夯实、铺装

3-11 嵌石拼花

3-12 完 工

环碧岛

　　建于康熙四十二年（1703），位于康熙第二景"芝径云堤"中部西侧，有一小径突入如意湖中，为一圆形小岛。小岛四周碧水环抱，岛上有庭院式建筑一组，院分东西，东院正殿三间，康熙题额名"澄光室"。西院正殿三间，康熙题额名"环碧"。院南北贯通，面南拱门题额"拥翠"，面北拱门题额"袭芳"，出院北直达乾隆第十三景"采菱渡"。此处原为皇子们读书的地方，阿哥所建成后，这里成为皇帝嫔妃们游览休息之所。康熙有诗曰："烟光露色早秋天，望夕冰轮满意圆。例事盂兰传梵呗，便看朔塞放灯船。照岩霞锦惊眠鹿，贴浦云葩缀败莲。千古诗人吟不尽，湖山风月总无边。"

水流云在桥

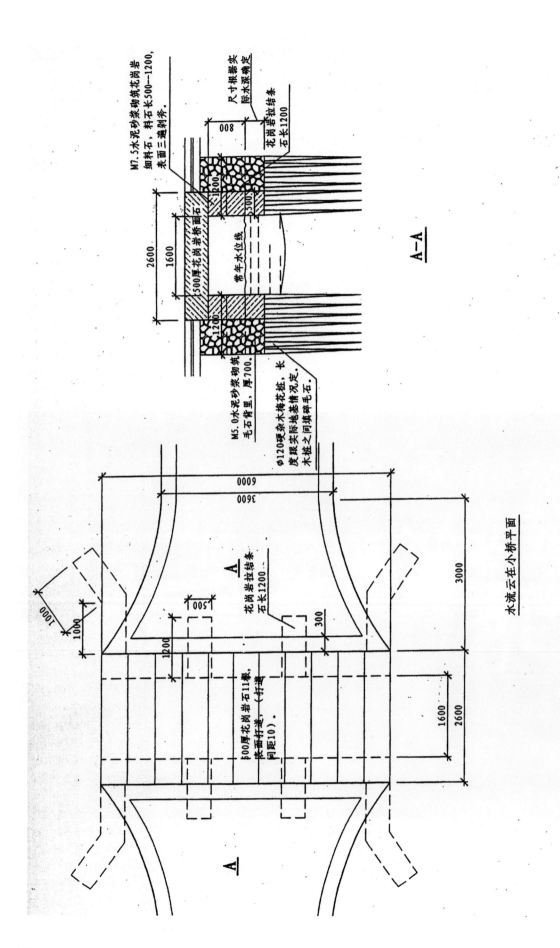

M7.5水泥砂浆砌筑花岗岩细料石，料石长500—1200，表面三遍剁斧。

尺寸根据实际水深确定

花岗岩拉结条石长1200

500厚花岗岩桥面石

常年水位线

M5.0水泥砂浆砌筑毛石背里，厚700。

Φ120硬杂木梅花桩，长度根据实际地基情况定，木桩之间填碎毛石。

A—A

6000

3600

A

花岗岩拉结条石长1200

500厚花岗岩石11块，表面打道（打道间距10）。

300

3000

1600

2600

水流云在小桥平面

4-1 原 状

4-2 临时架桥

4-3 拆 除

4-4 桥涵拆砌

4-5 石料加工、人工搬运

4-6 打蒙古栎木桩

4-7 安 装

4-8 桥面吊装

4-9 吊 装

4-10 吊 装

4-11 原缝剔除

4-12 勾 缝

4-13 完 工

如意洲桥面

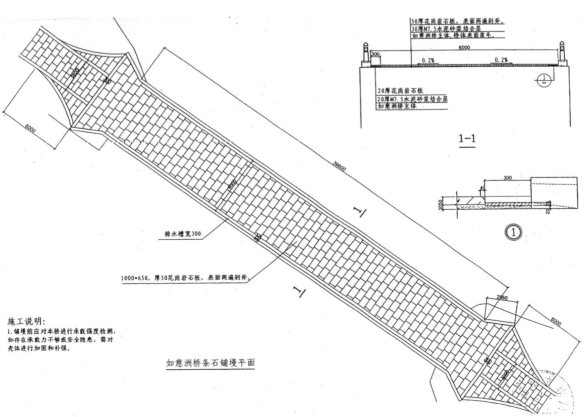

50厚花岗岩石板，表面两遍剁斧。
30厚M7.5水泥砂浆结合层
如意洲桥主体，桥体表面凿毛。

20厚花岗岩石板
20厚M7.5水泥砂浆结合层
如意洲桥主体

1-1

排水槽宽300

1000·650，厚50花岗岩石板，表面两遍剁斧。

施工说明:
1.铺墁前应对本桥进行承载强度检测，
如存在承载力不够或安全隐患，需对
壳体进行加固和补强。

如意洲桥条石铺墁平面

435

4-14 原 状

4-15 测 量

4-16 施工准备

4-17 铺 装

4-18 勾 缝　　　　　　　　　　4-19 清 理

4-20 完 工

第六章

溥仁寺清代油饰彩画工程

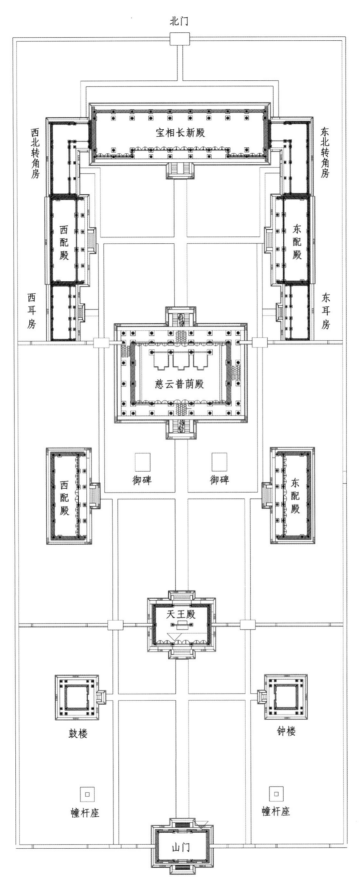

北门

西北转角房

东北转角房

宝相长新殿

西配殿

东配殿

西耳房

东耳房

慈云普荫殿

西配殿

御碑

御碑

东配殿

天王殿

鼓楼

钟楼

幢杆座

幢杆座

山门

溥仁寺区古建筑维修平面图

溥仁寺概述

一、历史沿革

溥仁寺，俗称"前寺"，位于承德市武烈河东岸喇嘛寺村内。依山傍水，风景秀丽。清康熙五十二年（1713），诸蒙古王公为庆贺康熙帝60寿辰，上书奏请在承德溥仁寺外，修建寺院为祝寿盛会之所。康熙帝欣然恩准，于是修建了溥仁、溥善二寺。"溥"通普，意为普遍、广大意，有皇帝深仁厚爱普及天下之意。溥善寺在日伪时期全部损毁，已经不存在，溥仁寺便成了承德外八庙中仅存的康熙年间的皇家寺庙，所以具有极高的价值。

1982年，溥仁寺被列为河北省重点文物保护单位。1987年起，对此庙进行了全面整修，同时修复了殿堂内的文物。1994年，溥仁寺及周围寺庙一并被联合国教科文组织列为世界文化遗产。2001年6月25日，溥仁寺被国务院批准列入第五批全国重点文物保护单位名单。

溥仁寺，坐北朝南，南北长约250米，东西宽130米，占地面积3.25万平方米，由内外两层围墙构成，是外八庙里中等规模的寺庙。 溥仁寺的平面布局是汉式"伽蓝七堂"。溥仁寺自南向北的中轴线上排列着山门、天王殿、慈云普荫殿、宝相长新殿，两侧为钟楼、鼓楼、东西配殿、僧房等。溥仁寺是典型汉式寺庙建筑形制，只是在殿内陈设、天花图案和个别内外装修上具有一些藏传佛教的内容。里面的僧人也全部为藏传佛教的喇嘛，所以又称为"喇嘛寺"。

溥仁寺自康熙四十二年(1703)开始营造以后,皇帝每年秋狝前后均要在此长期停住,消夏避暑,处理军政要务。由此而来,大批蒙藏等少数民族首领和外国使臣每年都要到承德谒见皇帝,参加庆典。借此,清廷便在承德大兴土木,建造寺庙,为前来的上层政教人物提供瞻礼、膜拜等佛事活动场所,功能上与溥仁寺相辅相成,互为补遗。从康熙五十年(1711)开始到道光八年(1828),清廷在今承德市市区及滦河镇一带敕建寺庙43座。清代和民国时期,人们所称外八庙实际上泛指溥仁寺外面由朝廷直接管理的所有庙宇,即东北部的12座和滦河的穹览寺、琳霄观,计14座庙。因穹览寺、琳霄观离市区较远,今人称谓的外八庙范围概念又演变为泛指东北部的溥仁寺、普宁寺等12座寺庙,人云亦云,约定俗成。

提倡和推崇藏传佛教,是清王朝的一项传统政策。康熙即位后,对藏传佛教更为重视,用以来增强同边疆各民族之间的团结,巩固边防。

康熙二十年(1681),康熙在今河北省承德地区设置了木兰围场,并于每年秋季率领宗室亲王,满、汉、蒙古等王公大臣,行围射猎,借以训练军队,密切同蒙古、藏等民族的关系。康熙二十七年(1688),准噶尔首领噶尔丹在沙俄的支持下发动叛乱。喀尔喀蒙古三部在藏传佛教领袖哲布尊丹巴的率领下投归清政府。自康熙二十九年~三十六年,康熙三次率军出塞,彻底平息了准噶尔部首领噶尔丹的叛乱。

康熙三十年(1691),康熙同喀尔喀蒙古三部王公贵族在木兰围场西北50多公里的多伦诺尔"赐宴"的形式举行会盟。多伦会盟期间,康熙应诸部王公贵族之请,在多伦诺尔建汇宗寺"以彰盛典"。通过多伦会盟及平定噶尔丹叛乱,康熙深知塞外热河的地理位置重要。自1703年,康熙在热河兴建行宫,1711年,更名为"溥仁寺"。康熙五十二年(1713),各部蒙古王公贵族120人前来山庄"奉行朝贺",并"不谋同辞,具疏陈恳",敬献白银20万两,一致上书恳请修建寺庙为康熙祝寿。康熙遂在山庄外武烈河东修建了溥仁寺、溥善寺两座寺庙。溥仁寺只用白银10万两,其余银两则用于溥善寺建造。溥仁寺是外八庙中建成较早的寺庙,也是外八庙中现存的唯一康熙时建造的寺庙。因溥仁寺位于溥善寺之南,所以俗称"前寺",称溥善寺为"后寺"。溥仁寺建成后,设达喇嘛、副达喇嘛、苏拉喇嘛、得木齐及格思贵等喇嘛60名。由清政府定期发给钱粮,一如官员之薪俸,此寺由八旗官兵守护。

随着清王朝的衰败,溥仁寺日渐残破。在军阀统治热河时期,拆毁了配殿、廊庑、僧房百余间。"九一八"事变后,日本侵占热河,拆毁了寺内的山门、钟鼓楼。新中国建立后,国家多次拨款对溥仁寺进行维修。

二、溥仁寺油饰彩画修复价值

溥仁寺古建筑群现存木构古建筑共18座,因军阀和日伪时期的破坏,溥仁寺目前只有大殿(慈云普荫)、后殿(宝相长新)是历史上原有建筑,内檐还保留着清代老彩画,其它建筑都是1987年左右按遗存基址及历史照片复建的,其中有五座建筑室内新绘有彩画。

据承德市文物局介绍：溥仁寺建筑群清代的档案记载、修缮记录没有查到，从现状室内彩画的纹饰特征、材料构成及工艺手法分析，大殿内檐彩画大致上限远不过乾隆年间，下限超不过嘉庆年间。后殿内檐彩画应为康熙年间遗迹，乾隆时期可能做过过色见新。其时代特点分析如下：

慈云普荫殿：内檐绘制双连珠贯套箍头，莲花承托梵文、宝塔宝盖盒子，龙、梵文方心和玺彩画。其一，所有大线（方心线、楞线、岔口线、圭线）造型已呈直线型，而乾隆早中期的彩画大线线型找头部位的圭线还呈弧线形，方心头、楞线、岔口开始由弧线转变为直线型。例如，始建于乾隆元年的故宫寿康宫正殿脊檩彩画，建于乾隆中期的先农坛庆成宫大殿、景山寿皇殿脊檩彩画。到乾隆中晚期以后彩画的大线都转变为直线型。其二，贯套箍头的使用，从承德外八庙中最早使用贯套箍头的老彩画看，普宁寺的大雄宝殿、大乘阁（乾隆二十年，1755）、安远庙的普渡殿（乾隆二十九年，1764）、普乐寺的宗印殿（乾隆三十一年，1766）、普陀宗乘的万法规一殿（乾隆三十二年，1767）、殊像寺的慧乘殿（乾隆三十九年，1774），一直到最晚建的须弥福寿妙高庄严（乾隆四十五年，1780）都出现并使用贯套箍头纹饰。故宫内外西路的雨花阁（乾隆十四年，1749）也同样使用，到了嘉庆三年（1798）后三宫的乾清宫彩画继续沿用贯套箍头，故宫内外西路的建福宫外檐彩画（嘉庆七年，1802）也绘有贯套箍头。嘉庆之后，环套箍头就不在彩画纹饰上出现了，前后不过85年的时间。其三，两色金箔的使用，所有纹饰都采用贴库金和赤金，这是乾隆时期经济繁荣、财力雄厚的体现，乾隆以后（尤其是同治时期），鸦片战争的爆发，国力衰竭，再也没有大量的黄金白银使用在彩画上，就基本上使用一色金箔了。其四，方心内、盒子内、天花内绘有喇嘛教纹饰，梵文"六字真言""宝塔""宝盖"等，体现出乾隆年间皇帝每到溥仁寺时，都要率领王公大臣及各民族首领到寺内拈香瞻礼。每逢农历三月十八日康熙寿辰时，喇嘛还要举行盛大的诵经法会，为皇帝祝寿，为国家祈福。

宝相长新殿：内檐天花梁绘白活异兽、灵芝盒子，梁枋大木无盒子，龙锦方心金线大点金旋子彩画。彩画明显具有清早期的时代特点：其一，天花梁底面半拉瓢纹饰中的四分之一旋花没有二路瓣，此特点盛行于康熙到雍正年间，如淳亲王府的过厅西廊房。其二，天花梁底面池子中的夔龙纹，造型不等宽，头比例相对较小，身体的卷草形没有同向翻转的瓣，一正一反。其三，旋眼早期特点，中间为近似圆形。其四，找头部位的旋花二路、三路瓣造型呈写生花瓣叠压状，并且各路花瓣都行小粉（匠人术语"吃小晕"），做工精细，花瓣中隐约有黑老。其五，贴金的楞线、皮条线造型呈弧线型，皮条线紧挨着箍头，没有距离。其六，方心内龙纹造型较活跃，身体不在一条水平线上，前低后高。其七，天花梁底面池子内的黑叶子花卉，花杆不是黑色，是赭石加红土；叶子两种颜色，墨加浅绿色；花头不渲染，拿银珠色一点，装饰性更强。其八，同正殿一样，使用两色金箔，所有纹饰都采用贴库金和赤金。其九，从色相上看，同正殿一样，都使用了矿物质颜料。大色青似石青，大色绿似石绿，色相沉稳，不浮躁，不艳丽。从清朝的档案记载和实物例证看，这些矿物质颜料主要出现在清代中早期，清晚期以后逐渐被进口的洋颜料所代替。从现状彩画颜色上看，有可能乾隆年间大修时做过过色见新。这两座建筑内檐彩画历史价值很高，是清中早期彩画的历史原迹。

修缮说明

根据勘查报告中现状残损评估和维修性质，拟定溥仁寺古建筑群油饰彩画维修方案如下：

1. 山门

（1）内外檐油饰修复：四面外檐连檐瓦口、椽望、前后檐大门重做地仗、重做油饰。门包叶除锈，贴金。室内椽望找补油饰。飞椽头绘绿地片金万字，檐椽头绘龙眼宝珠。

（2）外檐彩画修复：四面外檐上架大木按《热河》1934年图版历史照片，并参照天王殿、钟鼓楼老照片彩画复原白活异兽、片金灵芝盒子，龙锦方心金线大点金旋子彩画，山面分为两间绘制。

（3）内檐彩画修复：室内上架大木参照普乐寺（乾隆三十一年）同等建筑山门，复原宝杵、片金夔龙盒子，一字方心金线大点金旋子彩画。

（4）室内墙面修复：室内包金土墙面，铲除原有灰浆，刷包金土子色粉浆。绘绿色大边，拉红白两色粉线。

2. 钟鼓楼

（1）内外檐油饰修复：四面外檐连檐瓦口、椽望，下架柱、槛框、站板、大门重做地仗、重做油饰。站板外窗花重新贴金。室内椽望、上架大木找补油饰，室内地板、楼梯重做地仗、重做油饰。室内金属栏杆涂刷防锈漆。飞头绘绿地片金万字，椽头绘龙眼宝珠。

（2）外檐彩画修复：按《热河》1934年图版历史老照片纹饰组合、颜色排列重新进行调整复原，白活异兽、片金灵芝盒子，夔龙宋锦方心金线大点金旋子彩画。前后檐檩枋箍头设色为上层上绿下青，下层上青下绿；南北山面与前后檐排列规律相反。

3. 天王殿

（1）内外檐油饰修复：山花、博缝，四面外檐连檐瓦口、椽望，前后外檐下架大木、装修、陛匾重做地仗、重做油饰。室内下架大木、装修找补油饰。飞椽头绘绿地片金万字，檐椽头绘龙眼宝珠。

（2）外檐彩画修复：按《热河》1934年图版历史老照片纹

饰组合、颜色排列进行复原白活异兽、灵芝盒子，龙锦方心金线大点金旋子彩画。山面大额枋方心为夔龙纹，前后檐明间大额枋方心为真龙纹。

（3）内檐彩画修复：室内上架大木现状彩画保留、除尘，局部开裂处采取修补加固。

（4）室内墙面修复：室内包金土墙面，铲除原有灰浆，刷包金土子色粉浆。绘绿色大边，拉红白两色粉线。

4. 慈云普荫殿

（1）内外檐油饰修复：山花，四面外檐连檐瓦口、椽望，前后外檐下架大木、装修、斗子匾、楹联重做地仗、重做油饰。室内前后檐下架大木、装修找补油饰。两山面柱重做地仗、油饰。飞头绘绿地片金万字，椽头绘龙眼宝珠。

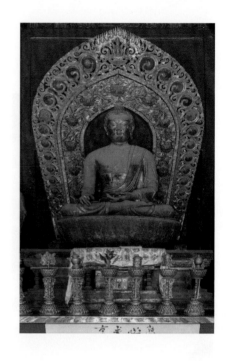

（2）外檐彩画修复：按《热河》1934年图版历史老照片及廊内老彩画的一切工艺做法、纹饰组合、颜色排列进行复原，重绘双连珠贯套箍头，莲花承托梵文、宝塔宝盖盒子，龙、梵文方心和玺彩画。廊内老彩画原状保留，残损部分回帖、加固，缺失部分按现状彩画补绘。

（3）内檐彩画修复：室内上架大木彩画原状保留，除尘，彩画局部缺失构件按现状补绘。

（4）室内墙面修复：室内包金土墙面，铲除原有灰浆，刷包金土子色粉浆。原有砂绿地西番莲卷草大边，保留，残缺部分补绘。

5. 宝相长新殿

（1）内外檐油饰修复：前后外檐连檐瓦口、椽望，前外檐下架大木、装修、陡匾、楹联重做地仗、重做油饰。室内前檐下架大木、装修找补油饰。飞椽头绘绿地片金万字，檐椽头绘龙眼宝珠。

（2）外檐彩画修复：按照《热河》1934年图版历史老照片（有盒子）并参考内檐彩画（细部纹饰组合规律），恢复白活异兽、灵芝盒子，龙锦方心金线大点金旋子彩画。

（3）内檐彩画修复：室内上架大木彩画原状保留，除尘，彩画局部缺失构件按现状补绘。

（4）室内墙面修复：室内包金土墙面，铲除原有灰浆，刷包金土子色粉浆。绘砂绿大边，拉红白两色粉线。

6. 前殿东西配殿

（1）内外檐油饰修复：四面外檐连檐瓦口、椽望，前外檐下架大木、装修重做地仗、重做油饰。室内下架大木、装修找补油饰。飞椽头绘绿地片金万字，檐椽头绘龙眼宝珠。

（2）外檐彩画修复：按照普宁寺四大部洲彩画，绘白活异兽、片金灵芝盒子，龙锦方心金线大点金旋子彩画，与山门、天王殿、钟鼓楼彩画相同。

（3）内檐彩画修复：室内上架大木彩画原状保留，除尘，彩画局部缺失构件按现状补绘。

（4）室内墙面修复：室内包金土墙面，铲除原有灰浆，刷包金土子色粉浆。绘绿色大边，拉红白两色粉线。

7. 后殿东西配殿

（1）内外檐油饰修复：四面外檐连檐瓦口、椽望，前外檐下架大木、装修重做地仗、重做油饰。室内下架大木、装修找补油饰。飞椽头绘绿地片金万字，檐椽头绘龙眼宝珠。

（2）外檐彩画修复：按普乐寺东配殿（胜因殿）重绘，盒子按后殿内檐改为白活异兽、片金灵芝纹，龙锦方心墨线大点金旋子彩画。

（3）内檐彩画修复：室内上架大木彩画原状保留，除尘，彩画局部缺失构件按现状补绘。

（4）室内墙面修复：室内包金土墙面，铲除原有灰浆，刷包金土子色粉浆。绘砂绿大边，拉红白两色粉线。

8. 后殿东西转角围房

（1）内外檐油饰修复：前后外檐连檐瓦口、椽望，前外檐下架大木、装修重做地仗、重做油饰。室内上架椽望、大木，下架大木、装修找补油饰。飞椽头绘绿地阴阳倒切万字，檐椽头绘虎眼宝珠。

（2）外檐彩画修复：按普宁寺弥陀殿现状彩画移植，重绘夔龙、宋锦方心，整破栀花盒子，雅伍墨旋子彩画。

9. 后殿东西配殿南耳房

（1）内外檐油饰修复：前后外檐连檐瓦口、椽望，前外檐下架大木、装修重做地仗、重做油饰。室内上架大木、柱子、新式装修找补油饰。飞椽头绘绿地阴阳倒切万字，檐椽头绘虎眼宝珠。

（2）外檐彩画修复：按普宁寺弥陀殿现状彩画移植，重绘夔龙、宋锦方心，整破栀花盒子，雅伍墨旋子彩画。

10. 四座随墙门

内外檐油饰修复：槛框、大门、门簪重做地仗、重做油饰。框线、门簪线重新贴库金箔。

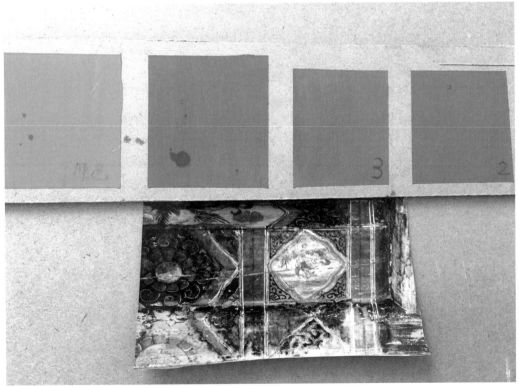

依据老彩画照片调青、绿大色

起谱子

依据老彩画照片起谱子

验谱子

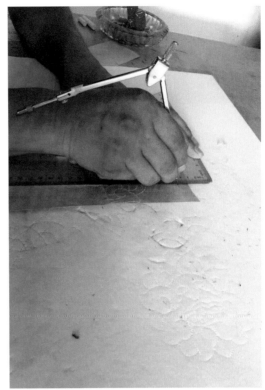

扎谱子

寺庙内局部保留较完好的老彩画

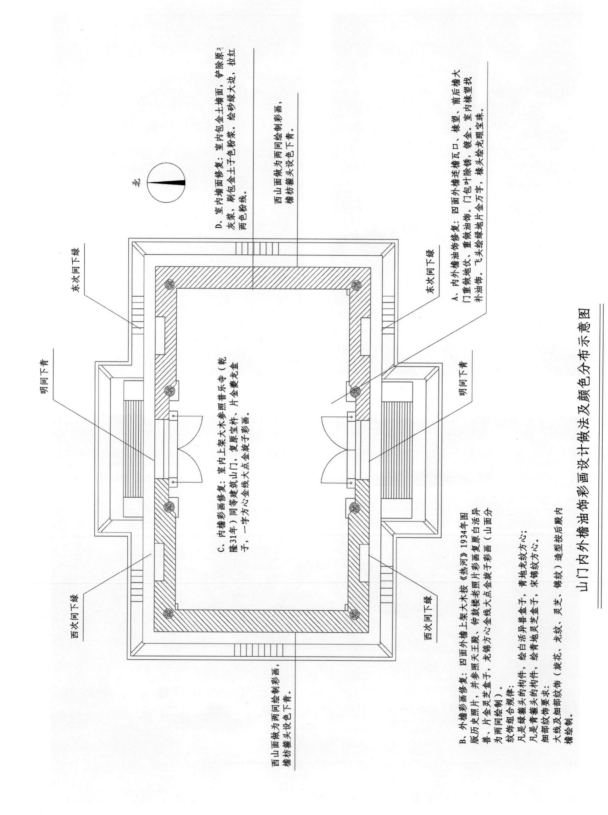

北

东次间下线

明间下青

西次间下线

西山面做为两间绘制彩画，檐枋檩头设色下青。

东次间下线

明间下青

西次间下线

西山面做为两间绘制彩画，檐枋檩头设色下青。

D、室内墙面修复：室内包金土墙面，铲除原灰浆，刷包金土子色粉浆。绘砂绿大边，拉红两色粉线。

西山面做为两间绘制彩画，檐枋檩头设色下青。

A、内外檐油饰修复：四面外檐连檐瓦口、椽望、前后檐大门重做地仗，重做油饰。门包叶地锈、镀金。室内檐望找补油饰。飞头绿地片金万字、椽头绘龙眼宝珠。

C、内檐彩画修复：室内上架大木参照普乐寺（乾隆31年）同等建筑山门，复原宝杵、片金蓁龙盒子、一字方心金线大点金旋子彩画。

B、外檐彩画修复：四面外檐上架大木按《热河》1934年图版历史照片，并参照天王殿、钟鼓楼老照片彩画复原宝杵彩画（山面分为两间绘制）。片金灵芝盒子、龙纹方心金线大点金旋子彩画。

纹饰组合规律：

凡是绶襆檩头为内构件，绘白活异兽盒子、青地龙纹方心；

凡是青绶襆檩头为外构件，绘青地灵芝方心。

细部纹饰及细部纹饰（旋花、龙纹、灵芝、锦纹）造型按后殿内檐绘制。

大线及细部纹饰要求：

山门内外檐油饰彩画设计做法及颜色分布示意图

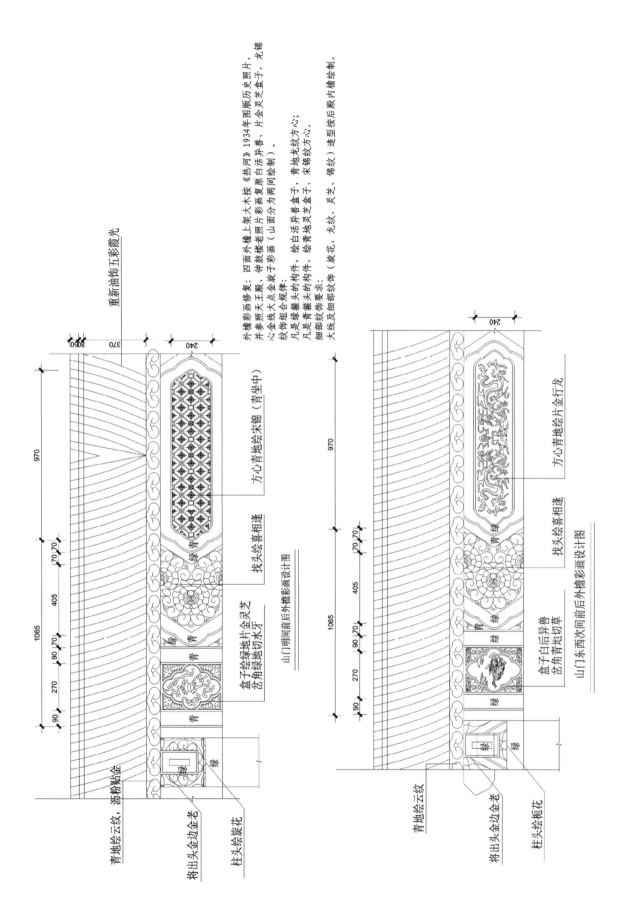

外檐彩画修复：四面外檐上架大木按《热河》1934年图版历史照片，并参照天王殿、钟鼓楼老照片彩画复原画原白活异兽、片金灵芝盒子、老锦心点金线大点金。（山面分为两间绘制）。

纹饰组合规律：
凡是绿箍头的构件，绘白活异兽盒子、青地老锦方心；
凡是青箍头的构件，绘青地灵芝盒子、朱锦纹方心；

大线及细部纹饰要求：
大线及细部纹饰（岔花、龙纹、灵芝、锦纹）造型按后殿内檐绘制。

重新油饰五彩霞光

370
3560

240

方心青地绘朱锦（青坐中）

970

找头绘菁菖相逢

盒子绘绿地片金灵芝
岔角绿地切水牙

山门明间前后外檐彩画设计图

青地绘云纹、沥粉贴金

将出头金边金老

柱头绘旋花

240

方心青地绘片金行龙

970

找头绘菁菖相逢

盒子白活异兽
岔角青地切草

山门东西次间前后外檐彩画设计图

青地绘云纹

将出头金边金老

柱头绘栀花

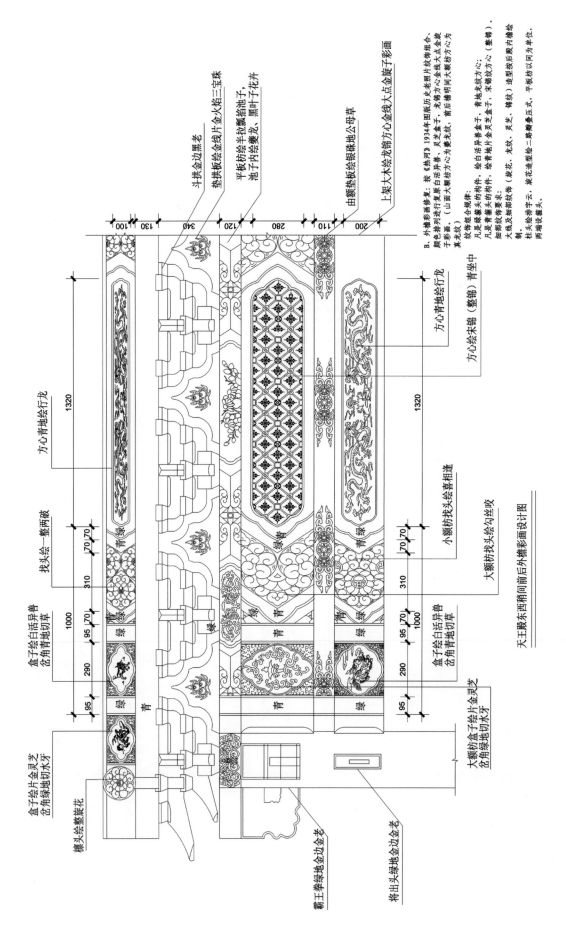

天王殿东西稍间前后檐内檐彩画设计图

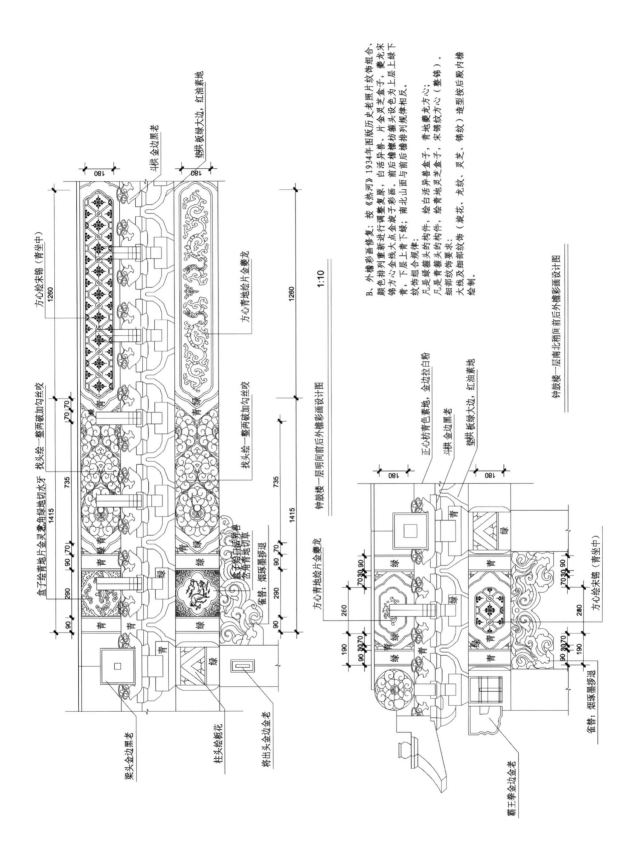

方心绘末锦（青坐中）

淋金边黑老

塑拱板绿大边，红油素地

盒子绘青地片金灵芝绿角绿地切水牙

找头绘一整两破加勾丝咬

方心青地绘片金夔龙

找头绘一整两破加勾丝咬

盒子绘青地片金草异兽
岔角青地拔退
雀替：烟琢墨攒退

梁头金边黑老

柱头绘栢花

撑出头金边金老

1260

70 70

735

1415

290

90 70

90

钟鼓楼一层明间前后外檐彩画设计图

1:10

B、外檐彩画修复：按《热河》1934年图版历史老照片纹饰组合，颜色排列重新进行调整复原。白活异兽，片金灵芝垫兽，麦光末锦方心金线大点金瓜子，前后檐檩枋涂上青设色为上层上绿下青，下层上青下绿；南北山面与前后檐排列规律相反。纹饰组合规律：
凡是绿垫箍头的构件，绘白活异兽盒子，青地夔龙方心；
凡是青垫箍头的构件，绘青地灵芝夔龙方心；
细部纹饰装饰要求：
大线及细部纹饰（旋花、龙纹、灵芝、宋锦、锦纹）造型按后殿内檐绘制。

正心仿青色素地，金边拉白粉

淋金边黑老

塑拱板绿大边，红油素地

方心青地绘片金夔龙

方心绘末锦（青坐中）

雀替：烟琢墨攒退

霸王拳金边金老

180

180

70 30 90

260

190

90 30 70

70 30 90

280

190

90 30 70

钟鼓楼一层南北梢间前后外檐彩画设计图

455

第一节　慈云普荫殿金龙和玺

慈云普荫殿

慈云普荫殿是溥仁寺的主体建筑，相当于"伽蓝七堂"里主体建筑大雄宝殿，面阔七间，进深五间，周围回廊，前后檐明次间设隔扇门，前檐梢间设槛窗，后檐梢间封实墙。檐下设重昂五踩斗拱，单檐歇山，黄琉璃瓦顶。中三间后檐金柱前增设四根装修柱子，柱之间设屏壁，形成夹道通后院。屏壁前供过去佛迦叶佛、现在佛释迦牟尼佛、未来佛弥勒佛，释迦佛两侧为其两大弟子迦叶和阿难。左右山墙置佛座，供十八罗汉，为国保级文物。两山墙内包金土，外抹红麻刀灰，顶棚设"六字真言"井口天花。大殿前檐下悬挂康熙亲题的满、汉、蒙三种文字的"慈云普荫"云龙陛匾。

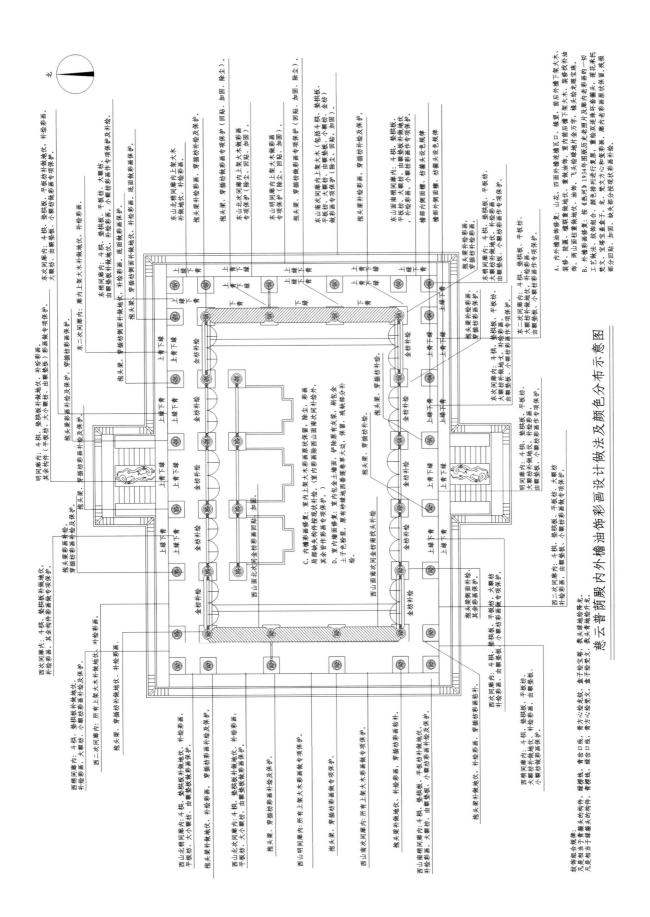

慈云普阴殿内外檐油饰彩画设计做法及颜色分布示意图

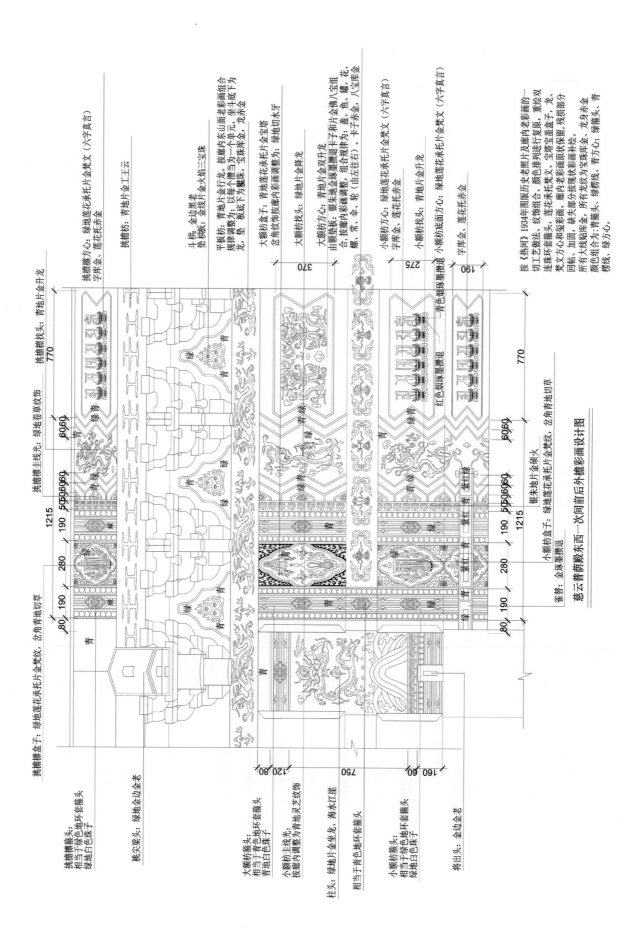

慈云普荫殿东西一次间前后外檐彩画设计图

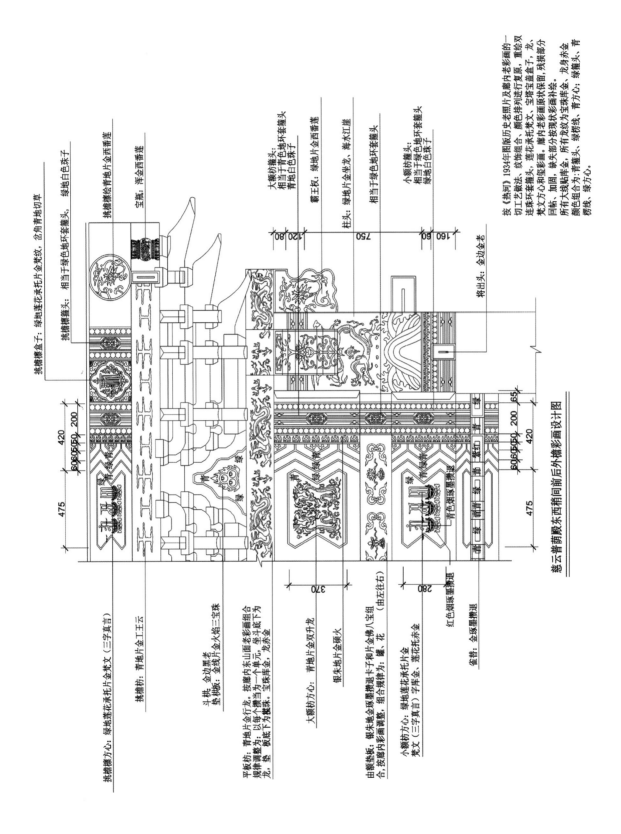

慈云普荫殿东西稍间前后外檐彩画设计图

1-1 台明及墙体保护

1-2 丹陛石保护

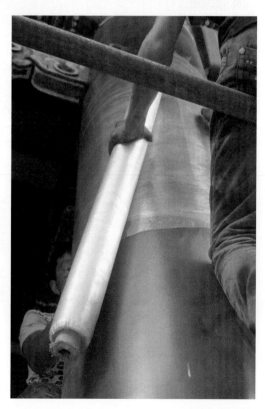

1-3 柱子防护

1-4 砍地仗

1-5 挠 白

1-6 下竹钉

1-7 支 浆

1-8 捉缝灰

1-10 使 麻

1-9 通 灰

1-11 压麻灰

1-12 中 灰

1-13 细 灰

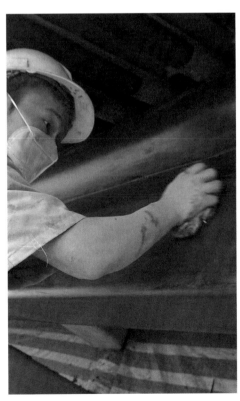

1-14 钻 生

1-15 拍谱子

1-16 沥粉工具

1-17 沥 粉

1-18 刷 色

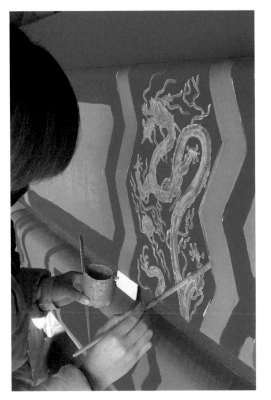

1–19 包黄胶

1–20 套二遍谱子

1–21 捻联珠

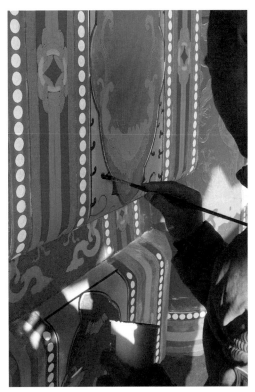

1–22 青地切卷草、绿地切水牙

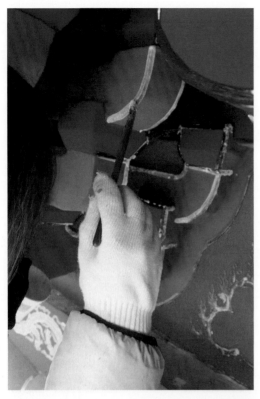

1-23 打金胶油

1-24 贴 金

1-25 拉白粉

1-26 完工照

1-27 完工照

1-28 完工照

1-29 完工照

彩画双色金

　　彩画双色金做法，盛行于清乾隆时期。分贴以红金箔（库金）及黄金箔（赤金），多应用于清代中早期高等级较讲究的和玺彩画、旋子彩画、苏式彩画等油饰彩画中。较具共性的一点是，彩画主体框架大线包括箍头线、皮条线、方心线等，及构件边框轮廓线包括挑尖梁头、角梁等，一般多普遍贴以库金。而其他各细部纹饰的贴金，一般与所贴库金成相对应式地贴以赤金，使之产生色彩色度对比方面的韵味变化。

金　箔　　　　　　　　　　贴金工具

1-30 完工照

第二节　宝相长新殿旋子大点金

宝相长新殿

慈云普荫殿北面一处封闭式庭院的北端建有九间大殿，即为宝相长新殿。殿高 13 米，单檐硬山布瓦顶，梁枋上金线大点金彩画。殿正中门楣上悬挂康熙御书"宝相长新"云龙匾。宝相长新，意思是庄严的佛像永远容光焕发。内供 9 尊无量寿佛。

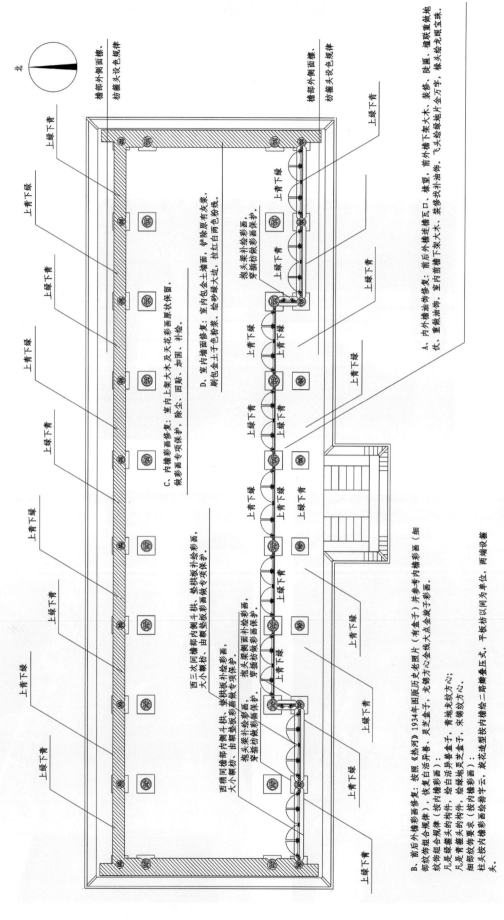

宝相长新殿内外檐油饰彩画设计做法及颜色分布示意图

A. 内外檐油饰修复：前后外檐走檩瓦口、椽望，前外檐走架大木、装修，重做地仗、重做油饰。室内前檐走架大木、装修按技补油饰。飞头绿地片金万字、椽头绿光限宝珠。

B. 前后外檐彩画修复：按照《热河》1934年图版历史老照片（有盒子）并参考内檐彩画（细部纹饰组合规律），恢复白活异兽、灵芝盒子、青地龙纹芯（如纹饰组合规律，按内檐彩画）；绘台活异兽盒子、青地龙纹芯；椽头对其构件，绘绿地片金宝珠，凡是椽缝头对其构件，绘绿地灵芝盒子（按内檐彩画）；是檩青细部纹饰按要求（按内檐彩画），柱头绘排云，平板枋仿以同为单位，两端设盒内檐彩画绘排云，旋花连型按内檐绘二路攒叠压式，两端设盒头。

C. 内檐彩画修复：室内上架大木及天木花彩画原状保留，做彩画专项保护。除尘、回贴、加固、补绘。

西三次间檐前内侧斗拱，垫拱板补绘彩画，大小额枋，由檩垫板做彩画保护专项。

西稍间檐前内侧斗拱，垫拱板补绘彩画，大小额枋，由檩垫板做彩画保护专项。

抱头梁补绘彩画，穿插枋做做彩画保护。

抱头梁侧面补绘彩画，穿插枋做做彩画保护。

D. 室内墙面修复：室内包金土墙面，铲除原有灰浆，刷包金土子色粉浆，绘砂绿大边，拉红白两色粉线。

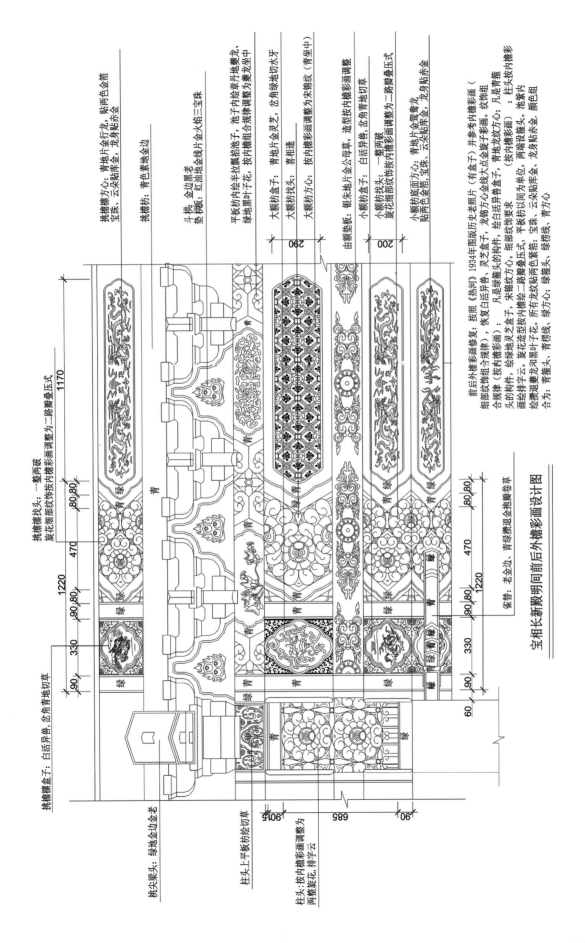

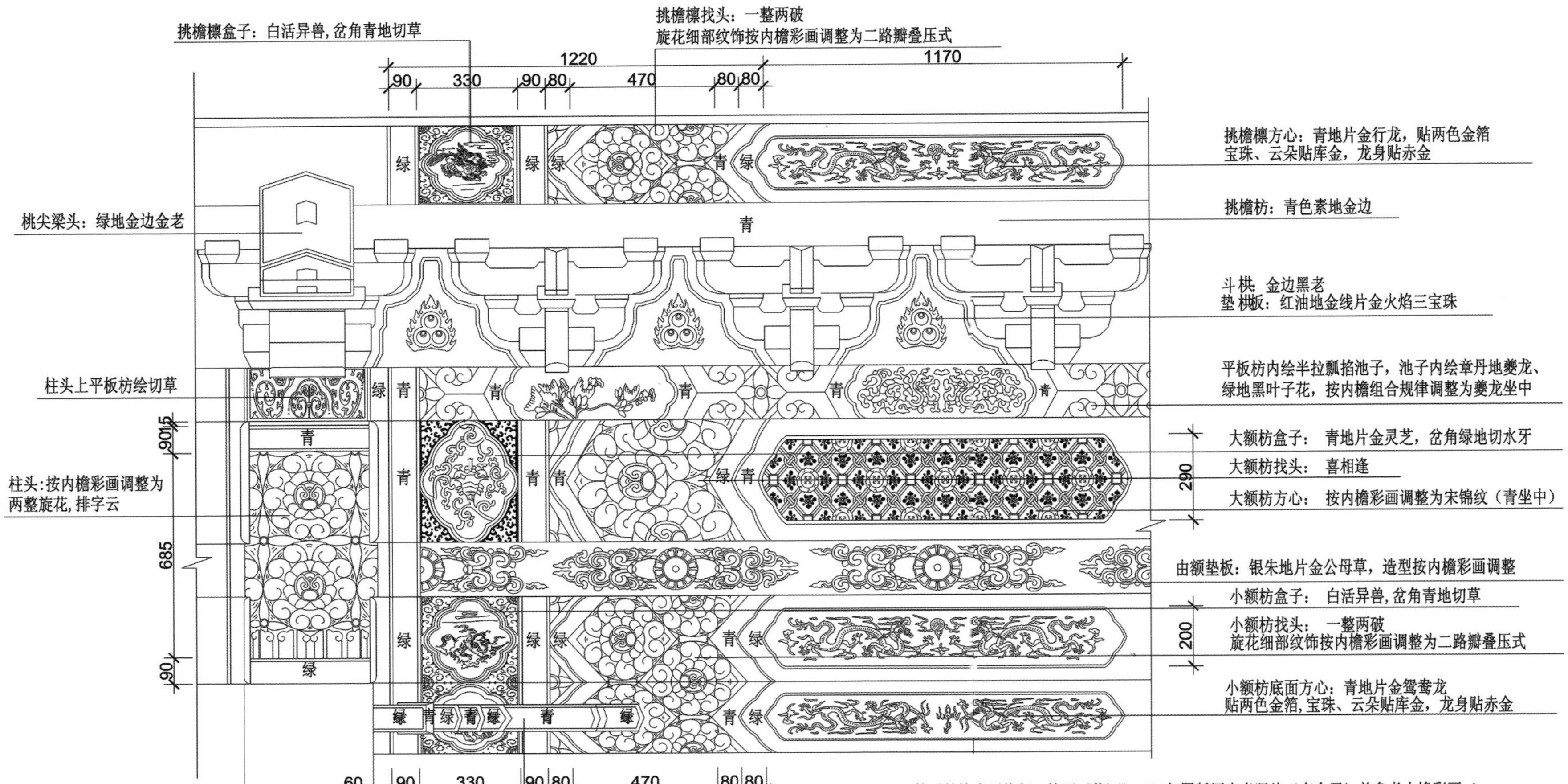
挑檐檩盒子：白活异兽，岔角青地切草
挑檐檩找头：一整两破
旋花细部纹饰按内檐彩画调整为二路瓣叠压式
1220
1170
90
330
90
80
470
80
80
挑檐檩方心：青地片金行龙，贴两色金箔
宝珠、云朵贴库金，龙身贴赤金
桃尖梁头：绿地金边金老
挑檐枋：青色素地金边
斗栱：金边黑老
垫栱板：红油地金线片金火焰三宝珠
柱头上平板枋绘切草
平板枋内绘半拉瓢掐池子，池子内绘章丹地夔龙、
绿地黑叶子花，按内檐组合规律调整为夔龙坐中
90
15
大额枋盒子：青地片金灵芝，岔角绿地切水牙
大额枋找头：喜相逢
大额枋方心：按内檐彩画调整为宋锦纹（青坐中）
290
柱头：按内檐彩画调整为
两整旋花，排字云
685
由额垫板：银朱地片金公母草，造型按内檐彩画调整
小额枋盒子：白活异兽，岔角青地切草
小额枋找头：一整两破
旋花细部纹饰按内檐彩画调整为二路瓣叠压式
200
90
小额枋底面方心：青地片金鸳鸯龙
贴两色金箔，宝珠、云朵贴库金，龙身贴赤金
绿
青
60
1220
雀替：老金边、青绿攒退金抱瓣卷草

前后外檐彩画修复：按照《热河》1934年图版历史老照片（有盒子）并参考内檐彩画（细部纹饰组合规律），恢复白活异兽、灵芝盒子，龙锦方心金线大点金旋子彩画。纹饰组合规律（按内檐彩画）：凡是绿箍头的构件，绘白活异兽盒子，青地龙纹方心；凡是青箍头的构件，绘绿地灵芝盒子，宋锦纹方心。细部纹饰要求（按内檐彩画）：柱头按内檐彩画绘排字云，旋花造型按内檐绘二路瓣叠压式，平板枋以间为单位，两端设箍头。池紫内绘攒退夔龙和黑叶子花。所有龙纹贴两色紧箔：宝珠、云朵贴库金、龙身贴赤金。颜色组合为：青箍头、青楞线、绿方心；绿箍头、绿楞线、青方心

宝相长新殿明间前后外檐彩画设计图

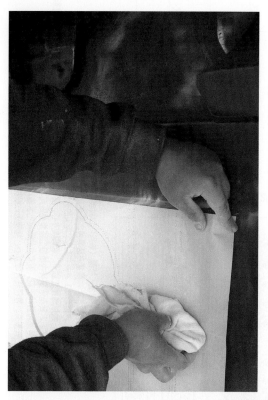

2-1 拍谱子

2-2 沥 粉

2-3 上 色

2-4 画异兽

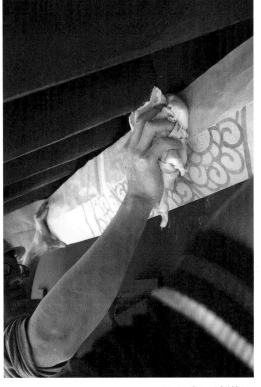

2-5 套二遍谱子

2-6 拘 黑

2-7 包黄胶

2-8 打金胶油

2-9 贴库金

2-10 贴赤金

2-11 压 老

2-12 完工照

庭院建筑彩绘

第三节　转角房雅伍墨

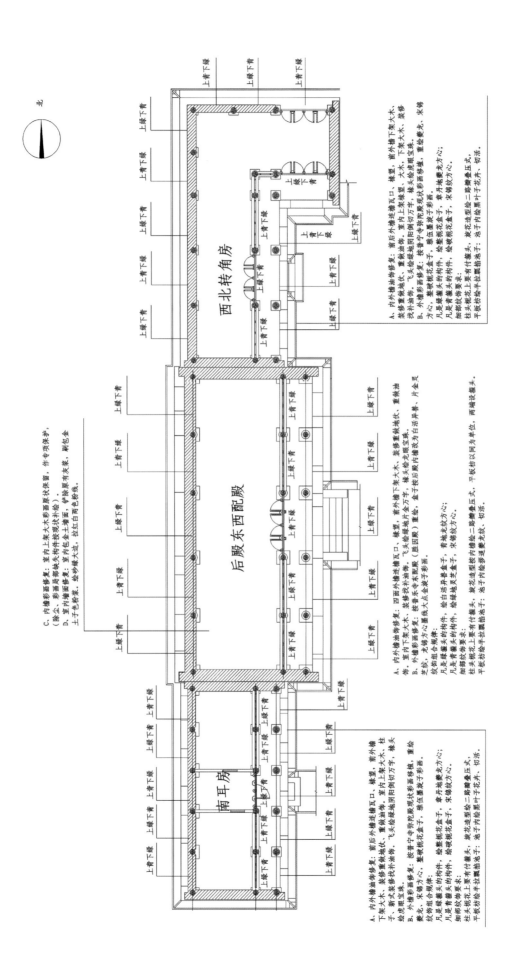

后殿东西配殿、南耳房、东北西北转角房内外檐油饰彩画设计做法及颜色分布示意图

3-1 拍谱子

3-3 套二遍谱子

3-2 刷 色

3-4 拉大黑

3-5 拘 黑

3-6 局部纹饰

3-7 吃小晕

3-8 完 工

第四节　附　录

慈云普荫殿楹联

以清净果证因护持斯万；现广长舌说法声震大千

十八罗汉

剥金工艺

　　佛像表面贴上一层金箔，然后在金箔上面涂上黑色颜料，再用小刀把黑色颜料一点一点剥离，经过精心剥绘，袈裟上的一条金龙就跃然而出了。此工艺的难度在于纯手工剥金，剥绘过重则将金箔一起剥掉，所以难度极大。

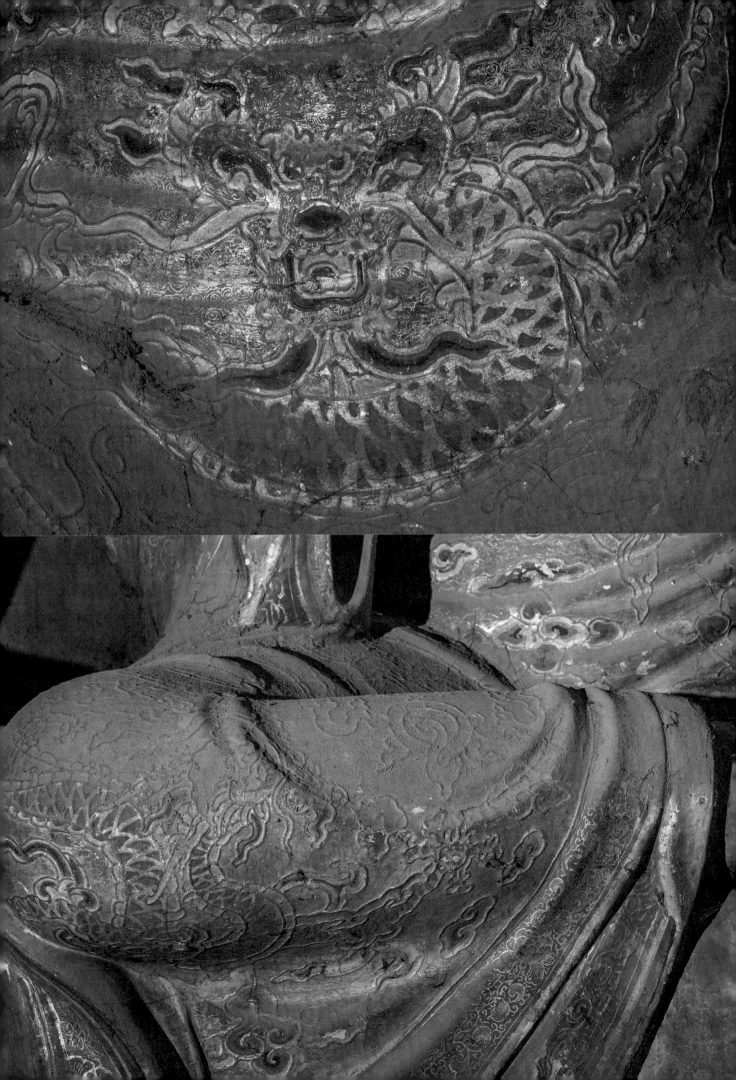

后　记

　　古建修缮，是中华传统文化重要组成部分。华文公司以投身此项事业为荣，继承传统文化，继承传统工艺，以此践行在保护和修复工程的各项工作中。我们记录古建修缮的施工现场，以求资料之保存，以求同行之指正，以求各界方家之研判。

　　感谢北京市园林古建工程有限公司，它是华文公司的坚强后盾和技术领路者！感谢北京国文琰文物保护发展有限公司，它是华文公司重要的指导者！感谢北京擎屹古建筑有限公司，它是华文公司坚实的合作伙伴！感谢北京房地集团！感谢中国文化遗产研究院！感谢所有支持帮助我们的广大同仁。

　　此书在编辑过程中，我们参考了部分勘察报告和设计方案，加入了部分现场施工报告，辅以大量现场施工照片，尽力图文互现、真实记录。公司若干参与人员都付出极大心血。在此，对于参与的施工人员和编辑人员，致以真诚谢意！

　　编辑过程中，我们还参考了其他同行的图文资料，在此一并致谢。其中若有冒犯，实属无意，我们先行道歉，并随时回复。

张爱民

2016 年 12 月 24 日

《古建修缮纪录·承德卷》华文施工·编辑团队